崔玉涛图解家庭育儿

升级版

9

直·面·小·儿·就·医·误·区

崔玉涛 / 著

获得更多资讯，请关注：
科学家庭育儿微信公众账号

人民东方出版传媒
東方出版社

崔大夫最新升级版寄语

从2001年起在《父母必读》杂志开办“崔玉涛医生诊室”专栏至今，在逐渐得到社会各界认可的同时，我也由一名单纯的儿科临床医生，逐渐成长为具有临床医生与社会工作者双重身份和责任的儿童工作者。我坚信，作为儿童工作者，就应有义务向全社会介绍自己的知识、工作经验和体会。

从2006年开办个人网站，到新浪博客之旅，又转战到微博，至今已连续1400多天没有中断每日微博的发布，累计发布微博达6100多条，粉丝达到550万。在微博内容得到众多网友的青睐之时，我深切感受到大家对更多育儿知识的渴求。微博虽然传播速度快，但内容碎片化，不能完整表达系统的育儿理念。于是，2015年2月5日成立了“北京崔玉涛儿童健康管理中心有限公司”，很快推出了微信公众号“崔玉涛的育学园”和育儿APP“育学园”，近期又在北京创立了第一家“崔玉涛育学园儿科诊所”。其目的就是全方位、立体关注儿童健康，传播科学育儿理念，为中国儿童健康服务。

为了能够把微博上碎片化的知识整理成较为系统的育儿理论，在东方出版社的鼎力帮助和支持下，经过一定的知识补充，以漫画和图解的形式呈现给了广大读者。这种活跃、简明、清晰的形式不仅是自己微博的纸质出版物，而且能将零散的微博融合升华成更加直观、全面、实用的育儿手册。本套图书共10本，一经面世就得到众多朋友的鼓励和肯定，进入到育儿畅销书行列。为此，我由衷感到高兴。这种幸福感必将鼓励我继续前行，为中国儿童健康事业而努力。

此次发行的最新升级版，就是为了满足更多朋友的需要，希望将更多的育儿知识传播给需要的人们。我们一道共同了解更多育儿理念，才能营造出轻松、科学养育的氛围。我的医学育儿科普之旅刚刚启程，衷心希望更多医生、儿童健康工作者、有经验的父母加入进来，为孩子的健康撑起一片蓝天，铺就一条光明之路。

2016年9月18日于北京

目录
contents

1 孩子生病意味着什么

2 如何向医生提供病史

3

如何理解医生的治疗

4 家长需要注意的问题

5 崔大夫门诊问答

1

孩子生病意味着什么

孩子生病后家长最希望什么？
孩子身体快速恢复健康。
家长应该做什么？
准确提供孩子病史。
对疾病的准确判断和有效治疗。
医生应该做什么？

如何看待生病

大家都知道，生病对健康是一个挑战。那么，生病到底意味着什么？是人体受到了伤害，还是人体的机能得到了提高？对于这个问题，要一分为二地看待：生病在让人体受到伤害的同时，却让人体的机能得到了提高。

生病后是否应该立刻治疗？有的家长认为，生病后不管有没有弊都一定要治；有的家长认为，有弊就要治，没弊就不治；其实都不对。医生要衡量利弊之间的关系来决定是否治疗、如何治疗，在这一点上可能有的家长不太理解。

举个例子，为什么发烧第一天不能给孩子服用抗生素？因为发烧头三天对孩子机体免疫力会有很好的提高作用。如果刚开始发烧就把抗生素使用了，发烧虽然压住了，但是免疫系统非但没有得到提高，还可能被药物损害了。有的家长会说："第一天发烧不给抗生素，第三天才给，迟早都要给，早给不就行了吗？"不一样，医生在平衡这个利弊关系。再举个例子，我提出这么一个概念，孩子出生后，只有当体重下降超过 7% 的时候，才可以添加配方粉。家长马上问："既然出生后下降 7% 才可以加配方粉，那出生后怎么不能立刻加配方粉？"因为过早食用配方粉，今后发生过敏的概率会明显增高，添加配方粉时间的早晚对孩子的意义不一样。而不是有些人认为的，既然要给为什么不早给。

我们普通人不懂这个利弊关系，所以才需要医生帮你来权衡，不是给的药越多、越早，就意味着医生越负责。

孩子生病以后，家长都希望孩子身体尽快地恢复健康，但是我们对待疾病

孩子生病后，大家希望让他一天恢复健康，还是三天恢复健康？
一天！
可是一天恢复健康以后，可能会有后遗问题。
而三天恢复健康后没有后遗问题，大家又会选择哪个？

应该有全面认识。健康是有一定指标的，而不是一天之内恢复或者马上恢复。

有家长说："这些我都懂，但是孩子现在发烧，能不能先让他把体温降下来？"这是很多家长的共同心理，"等这次病好了咱们再慢慢谈。"问题是，遇到疾病时不谈，以后再谈有什么用？

孩子什么问题？
发烧，特别烫，老是不降温。
吃药了吗？
吃了小儿感冒冲剂！昨天睡前我给他吃一次，今早7点又吃一次！
我昨天下午喂了一次，睡前喂了一次，今天早上8点又喂了一次！
给孩子吃这么多药，你们在家不沟通吗？

家长应该做的事：准确地提供病史

孩子生病后，家长都希望他能快速恢复健康。那么，我们希望身体快速恢复健康的前提，是不是先要把孩子的状况准确地提供给医生？要把孩子的状况提供给医生，首先自己是不是要先对孩子有一个很好的评估？

现在家长在病史提供方面经常会出现问题。且不说家长提供的信息是否准确，首先经常有夫妻两人叙述的情况不一样，甚至为此能在医生面前争吵起来的情况。在家长争争吵吵中医生发现，20 分钟内两人居然给孩子吃过两次退烧药，爸爸给吃了，妈妈又给吃。

这给我们一个启示，家长是不是应该在看医生之前，梳理一下自己的思路？对孩子的状况有一个评估？其实，家长自己在家一起来回忆一下孩子的状况，以及这个状况发生发展的过程，就是对孩子情况的一个很好的评估。

不仅在看医生之前才回顾，在发现孩子生病的时候，家里也要记录一下思路。“昨天发烧了，给孩子洗了温水澡，进行物理降温了，或者吃了某种药。”家庭成员这样一梳理，对孩子疾病的过程就会有比较全面的了解。有家长说，孩子病得那么急，我来不及回顾。那么，家长总要抱孩子去医院，或者要在医院排队等医生看病，其实在这几分钟之内就可以回顾一下。

孩子疾病会有多复杂？总不会是二三十年的历史，不外乎就几天的事。这样简单地回顾一下，提供给医生，这些信息对医生做出诊断非常重要。

孩子生病都三天了，为什么第一天来医院不给吃药？不给输液？
第一天给输液的话现在早好了！哪要等到现在再输！
医生需要权衡给药的利弊，如果孩子自身控制不了病情，我们才会给药控制。
给的药越多、给的药越早，不代表医生越负责。
药

医生应该做的事：准确判断和有效治疗

家长最希望医生做什么？医生的职责是什么？当然是对疾病做出准确的判断和有效的治疗。那么，准确判断的前提是化验检查，还是病史询问？有的家长在医生询问病史的时候回答不好，就说："你不用问了，直接给我们化验，化验完就什么都知道了。"其实不然，不是所有化验出来的结果都有意义。比如说孩子发烧两个小时，白细胞化验出来在正常范围之内，但是能确定白细胞正常吗？不能。为什么？因为刚发烧两个小时，化验根本体现不出白细胞的状况。如果发烧三天了，白细胞还正常，医生会告诉你，肯定不是细菌感染，因为时间可以告诉我们这个数值的意义。有家长问我："白细胞达到多少时需要使用抗生素？"孩子出现问题，不是简单地说多少数值要用，或多少不用。首先要看什么时间做的化验，再说数量多少，是否该用抗生素。

病史和化验结果之间的关系决定了这个结果的准确性。千万不要简单地说，我找一个最好的化验室检查就一定准确。这不是化验室的准确度的问题。如果没有病史了解，仅通过检测出来的结果是无法做出准确判断的。

对待疾病的准确判断，一定与这次疾病有很好的时间相关性。所以很多家长通过微博把孩子的化验单、吃过的药拍照发给我，但我还是不能回答他们提出的问题。因为对待一种疾病，一定要知道发病时间、检查结果和用药，以及用药后症状的变化状况，这些之间是相关的。

对待疾病要有良好心态

孩子得病后，
全家人的做法：

互相指责
互相埋怨
紧张慌乱

镇静地交流发现疾病的时间、周边是否有类似疾病、主要症状表现和疾病变化趋势

家庭成员对待孩子生病要有良好的心态

现在很多家庭都只有一个孩子，全家人都围着一个孩子转。我们知道家长养孩子时不能有一点闪失。孩子稍微生一点病，家长就会惊慌失措。但事实上，这种惊恐对看病却没有任何作用。

不管是健康查体，还是疾病诊断，不夸张地说，比如我看病的时间是 20 分钟，至少有一半时间在看家长的心态问题。家长会说："你是医生，生病的又不是你家孩子，你当然不着急。"其实不是，是因为大家只看到自己家孩子，或周围的几个孩子，这样有了局限之后，会给自身很大的压力。孩子问题不大，家长心理上首先怵了。脑子里一片空白，医生问什么，回答不上来。或者同样一个问题，来来回回问好几遍，在这种惊恐的状态下组织出来的问题完全没有逻辑。

孩子得病以后，很多家庭都会出现因为吃药或看病的看法不一致而争执、埋怨，或者自我检讨没照顾好孩子的情况。孩子生病的时候，爸爸妈妈的互相埋怨或自我检讨，实际上在无意中也给了孩子一种压力，一种憎恨疾病的思想。其实，大多数孩子得的都是常见病，并不严重，所以也没有必要那么紧张。孩子生病的时候，一定要告诉他，生病并不可怕，谁都会得病，看了医生，吃了药，过几天就会好。如果家庭成员间有分歧，也要躲开孩子进行交流。如果爸爸妈妈这个时候不镇静，给孩子造成的阴影远比疾病严重。家庭成员之间很融洽地去面对孩子生病，孩子反而会感到轻松、温暖，这样更有利于身体恢复。

对于出生0～3月龄婴儿，出现以下情况应送到医院就诊：

1. 婴儿颜面及口周皮肤出现苍白或发青等颜色的改变
2. 体温高于38.0℃或100.4℉
3. 出现突发性全身松软或强直
4. 单眼或双眼发红并有白色或黄色分泌物，有时分泌物可将上下眼睑粘连
5. 水样大便每日超过6~8次，而且出现排尿次数减少
6. 生后两周的新生儿皮肤仍然发黄
7. 全身出现小米粒样的小脓包
8. 新生儿肚脐周围红肿，并有黄色或血性分泌物
9. 口腔内出现乳白色，如同奶皮样不易剥离的附着物
10. 鼻塞已影响了吃奶时的正常呼吸
11. 比较辛苦的呕吐，而不是简单的溢奶
12. 反复呕吐已持续了6小时
13. 呕吐并伴有发热和（或）腹泻
14. 饮食习惯发生较大变化
15. 长时间不明原因、不易哄劝的哭闹
16. 大便带血

对于3月龄～1岁婴儿，出现以下情况应送到医院就诊：

1 3～6个月婴儿，体温超过38.5℃
6～12个月婴儿体温高于39℃

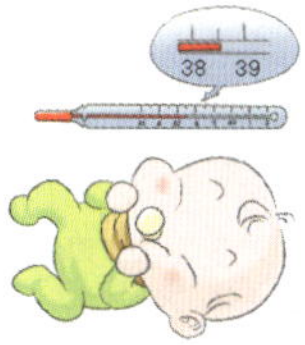

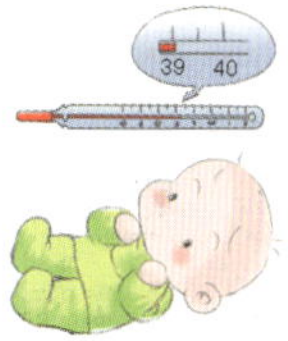

2 出现拒奶水等食物或饮食量明显减少

3 与往常大相径庭的暴躁脾气；对一般干扰反应强烈；睡眠习惯明显改变

4 阵发性哭闹，拒绝任何人抚摩肚子

5 大便带血

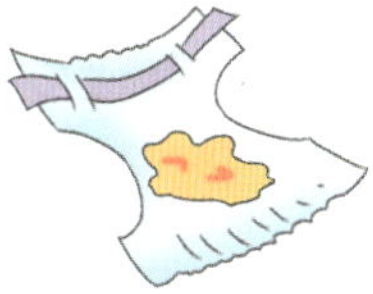

1岁以上的幼儿和儿童，出现以下情况应送到医院就诊：

1. 超过39℃的高热
2. 寒战伴有全身发抖
3. 任何原因引起的神志突然丧失
4. 不明原因的嗜睡
5. 高调并伴有惊恐式的哭闹
6. 身体任何部位出现突然的无力或瘫痪
7. 不能自主控制地肢体抖动或抽搐
8. 剧烈的头痛
9. 鼻出血或鼻涕具有特殊气味
10. 听力突然减弱或丧失
11. 耳痛或有任何性状的液体流出
12. 视力突然降低或视物模糊
13. 皮肤和（或）白眼球发黄，特别是同时存在腹痛、尿色发深或呈茶色
14. 述说正常光线非常刺眼，特别是同时存在发热、头痛、脖子发硬
15. 眼睛红肿并有分泌物
16. 脖子发硬或运动时疼痛剧烈，常常伴有发热、头痛

17. 嗓子疼痛剧烈并伴有吞咽或发音障碍

18. 因吞咽困难出现不能控制的大量口水流出

19. 呼吸费力，特别是嘴唇、指甲等处苍白或发青

20. 非剧烈运动引起的呼吸浅、快

21. 严重或持续的咳嗽

22. 间断呕吐已持续超过12小时

23. 呕吐物中带血

24. 剧烈且持续的腹痛

孩子是甲流，吃过什么药？
吃阿奇霉素了。
阿奇霉素对甲流没有任何效果，为什么要给孩子吃？
孩子发烧体温越来越高了……
体温越来越高和阿奇霉素有关系吗？就算输五天的阿奇霉素发烧也不会退，因为阿奇霉素根本就不能消灭这种病毒。

2 如何向医生提供病史

孩子又发烧，特别烫手，可怎么办？
多少度？
不知道。
吃药了吗？吃什么药了？
嗯，好像吃了白色和红色的药片，还有头孢……
白色和红色的药片太多太多了，头孢至少也有20多种，医生怎么知道你用的什么！

家长说的话医生为何听不懂

很多家长带孩子来医院看病，和医生总是交流不好。“孩子老咳嗽”“孩子老发烧”“孩子老不好好吃饭”……这些都是家长惯用的表达，如果大家是医生的话，应该怎么理解这个“老”字，每周几次？每天几次？每个人对于这个词的理解都不一样，作为医生来说，很难衡量。

还有的家长来了以后特别急，“孩子发烧，简直烫手。”烫手是个什么概念？每个人感觉到烫手的温度都不一样。接下来问：“吃药了吗？吃了什么药？”家长回答：“吃了，吃了白色的药，吃了红色的药，吃了头孢。”换位思考一下，如果大家是医生，这样的叙述，能给我提供什么信息？白色药片、红色药片太多太多了，还有头孢，至少20种以上的药物名称里都有“头孢”两个字。你给孩子吃的到底是哪一种？吃了一片，还是吃了一袋？这之间有很大区别。这些都是医生在临床中碰到的问题。

家长急得语无伦次，但是说出的话，对医生来说没有任何意义，因为医生无法将其作为依据进行诊断。要想让医生在短时间内准确地了解孩子情况，就应该向医生提供准确的信息。家长的激动，只是表达了情感。家长特别着急，医生很理解，但家长没有向医生提供任何有用的信息，医生就无法做出有效的诊断。很多时候看病没有效果，不是因为医生没有好好看病，而是因为家长可能不知道怎样去整理这些信息，然后提供给医生。本书希望向大家解释一下应该怎样带孩子看病，如何让医生在短时间内准确地了解孩子的情况，以及怎样与医生交流才能取得最好的效果。

我把城里的医院看遍了，
都治不好我这孩子的病。
孩子18个月，身高、体重都正常，会自己走路，可以说简单的话，发育没问题。孩子有什么病？
夜里总不好好睡觉。
母乳喂养吗？
还有奶水吗？
没有了。

没有为什么
还让孩子吸？
我怕断了奶以后，给他
带来很大的心理创伤。
都没奶了，孩子吸不出来，
还让他吸，他睡得好觉吗？
我终于知道
原因了……

疾病过程回顾

- ——发现疾病时间
- ——环境类似疾病
- ——主要症状表现
- ——疾病变化趋势

描述病情要做到简洁、准确

我们带孩子去医院看病，医生给每个病人的时间都是有限的，所以，家长要在较短的时间内，简练、准确地向医生描述孩子的病情。孩子的病史大都很简单，大部分是几天之内的事情，即使长也只有几个月的时间，不会像成年人的病史那么长，所以家长能够在很短的时间内把孩子的病史提供给医生。

首先要回顾病史。什么时候发现孩子不正常的？到现在为止，是一个什么样的发展状态？在回顾疾病过程时，首先要回顾家长发现疾病的时间，而不是猜测发生疾病的时间。因为谁也不可能在发生的一刹那抓住、发现。不要和医生说可能一天前就发烧了，或者你认为孩子有问题的时候是哪天，不需要推理，只要抓住你什么时候发现的这一点。还需要考虑，现在病史和过去病史是否有关系？比如一位家长说："这是孩子一年来第 10 次发烧。"而另一位家长说："孩子很少生病，今天发烧了。"通过两位家长的描述，医生就能够判断孩子的发烧是偶然，还是反反复复。再比如，"孩子昨天摔了，今天哭闹不止"，爸爸妈妈如果这样和医生交流，医生马上就会想到做什么样的检查。

其次，孩子生活的环境中是否有人患有类似的疾病状况。比如流感，孩子不一定是第一个发病者，他所在的幼儿园、学校、家里，有没有类似的症状？我们的婴儿几乎不会是第一发病者，所以，一定要注意环境中是否有类似的疾病。

再者，要先说主要症状。比如孩子发烧，排便状况肯定不是主要症状，发烧到多少度才是主要症状。

孩子怎么
老是不好？
老不好？那
就打静脉吧！
其实也没有那么严重，我不想让他打点滴，这么说就想让您重视一下！
不要夸大病情，别以为夸大就会得到医生重视，夸大病情说不定会导致治疗错误，最后受损伤的还是自己孩子。

最后，疾病变化的趋势。是见好，还是加重？这个时候，家长一定要实话实说，重了就是重了，轻了就是轻了，好了就是好了，不好就是不好，不要夸大或隐瞒。不要认为用一些表示严重的词，用一些表示严重的语气，就会引起医生的重视。事实上，这么夸大地说，反而可能治疗错了，不该打针的打针了，不该挂静脉点滴的挂点滴了，不需要住院的住院了，对孩子来说，很可能是个损伤。

孩子生病，爸爸妈妈都很着急，这种情感医生非常理解，可是光着急没用，只有非常冷静地把症状、病史等提供给医生，才能最大限度地帮助到孩子。

崔大夫，这么快就把孩子的病给治好了，太感谢您了！
我得先感谢你，由于你叙述孩子的症状十分准确，我才能做出准确的判断。
如果你当初的描述不是孩子每天咳两次，每次半小时，你说孩子老咳嗽，孩子总咳嗽，我也不能做出准确判断。
呵呵，最后受益的还是我家孩子！

少用虚词、多用数据，数量化描述

除了症状的回顾外，还需要对病史有个简单明了的记录，最好是尽可能地数量化。

有家长会数量化表述，一天咳嗽三次，一次咳嗽三声。医生会告诉他，没事儿，回去吧。有一天一个家长说得特别好："孩子一天只咳两次，一次至少30分钟，恨不得咳得背过气去。"医生一听，很明显是百日咳。按照百日咳用药，第二天，咳嗽明显见好。治疗三天，出院了。因为家长症状说得太清楚了。如果家长说，孩子一天老咳嗽，总咳嗽，医生就很难掌握是什么频率。

有的家长说，我又不是专业医生，我不会数量化。其实数量化没那么难，也不需要非常精确。比如今天看到孩子出湿疹，你给打五分，明天严重了一点，打六分，后天更严重了一点，打七分，过了两天，轻了一些，打三分。虽然不要精密的仪器测量，没有精确的度量衡，但是这样简单的记录就能反映出一个变化的趋势，对医生诊断会有很大帮助。有的家长做得非常好，自制了表格，孩子吃奶多少，体温多少，几点排便，大概什么状况，每天记一篇，医生一翻看，用不着那么多语言，孩子基本状况就形成了。

需要注意的是，记录时，不要记心得，需要记录的是客观的数字，或者客观的情况。记录了很多心得，医生看完以后还是不能作为诊断依据。比如，有的家长是这样记录的，"这几天我非常心痛，孩子湿疹又出现了"。医生都知道，孩子生病时家长非常痛心，但是从诊断的角度来说，确实没有什么意义。

点评： 数量化一定要有实际的意义，掌握好分寸，不要走极端。

但是有些时候，我们数量化，也不能太过于苛刻。比如有的家长很具体，一次吃 15 克的米粉。15 克的米粉代表多少？那我就问他，是干粉，还是加温水的？大概稠度是多少的？又回答不上来。数量化归数量化，不需要特别极端的，比如说，吃多少米粉？干粉两勺。这样就够了。

宝宝生病记录

3月5日：发现宝宝发烧，量体温37℃，给她洗了温水澡，物理降温。

3月6日：……

家长的记录

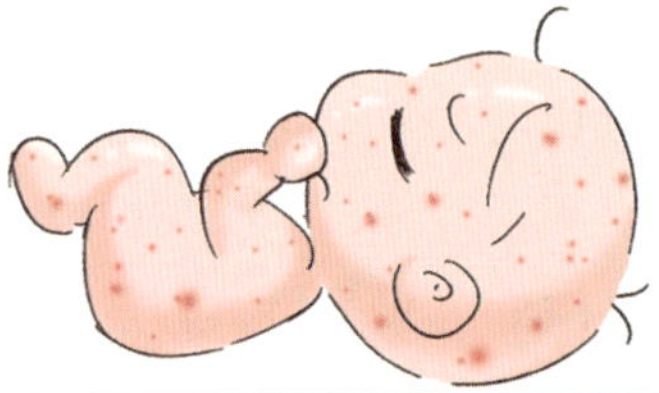

时间	症状	推断
1个月吃母乳和配方粉	出现湿疹	牛奶过敏
4个月加鸡蛋	湿疹没有严重	鸡蛋没有引起过敏
加鱼、虾	不知道湿疹有没有严重	是否对鱼、虾过敏未知
结论：很可能是配方粉引起的牛奶过敏		

不到一个月出现过敏，显然是牛奶过敏，吃配方粉引起的。要持续地观察记录，有时候写完以后，自己就发现相关性了。

及时记录、理顺病程，书面化表达

很多家长来看病，都是自己整理写出来，打印出来让医生看，我不由得感叹现在家长素质非常高。这种做法效果也非常好，两三分钟，什么病史基本上就清楚了。再配合问一些问题，基本上就足够了。

还有一部分家长到了医院，见了医生，直到医生询问才去想，这样效果就不是特别好。比如家长说孩子长得太慢，我问他："什么时候开始长得偏慢的？""好早就开始慢了。"我又问："好早大概多长时间？""可能三个月吧，哦，不对，可能六个月吧。"这时不要说可能，三个月和六个月开始长得慢意义不一样，为什么？三个月的时候孩子还没有加辅食，六个月已经添加了辅食。别看就三个月、六个月这两个时间点，区别非常大。这意味着一个是加辅食之前开始出现问题，一个是在加辅食之后出现问题。所以，我们希望家长发现问题时能够记下来，用书面化的表达写出来，这样能更准确、快速、直观一些。

千万不要等到去医院以后才开始想，很有可能不准确。

崔大夫，这孩子总不爱喝奶。
总不爱喝奶？一次喝多少？你希望他喝多少？
不能以家长的期望值作为标准，只要达不到期望值就是不好。看病时一定要客观地叙述，“总怎么样”的说法没有意义。
他喝180ml，我希望他喝240ml。

少带情绪、保持冷静，客观地叙述

前面我们讲到，在看病的时候，不太希望家长有太多的情绪在里面，我们理解家长心里的不平静，但还是希望家长尽可能保持冷静地和医生诉说症状。

在描述的时候，一定要客观，少用笼统的词，多用数据。如果有情绪在里头，就可能产生一些错误的虚词和数据，容易用“总不好”“老是……”“一直”“好久”“从来”这类的词。这类词对诊断帮助不大，不仅没有任何意义，还可能引起相反的作用。

客观叙述需要一个媒介，比如说体温达多少度？这就是一个媒介。多少度，38℃还是39℃？发烧几天了？发烧三天了，而不是说“烧了好久了”。虽然孩子生病爸爸妈妈都很着急，但看医生时一定不能因为着急而慌乱，因为爸爸妈妈的责任是代替孩子把不舒服的情况说出来，描述给医生。如果描述不清楚，医生无法正确判断，耽误的还是孩子。

有人说了，测量体温应该用什么方式？每种测出来都有差别，到底哪个方式量体温准？其实万变不离其宗，误差也是有限的，38℃不会量成36℃，40℃不可能量成38℃。不需要抠那零点几，关键是趋势，大体都是没有错误的。不管是肛温、口腔温度、腋温，还是耳温，不可能有这么大的差距。

一定要有客观的叙述，不要用一些主观的描述。大家每个人的标准不一样，预期也不一样，主观地叙述出来以后，可能让医生感觉这个事情拿捏不准，就会影响诊断的效果。

崔大夫，孩子
又拉肚子了！
什么时候开
始的？吃了
什么药？
叫什么药来着，我还
特意记了说明书，可
一下子想不起来了！
告诉你一个办法，以后孩
子上医院，把他吃的所有
的药以及说明书都带上。
不用记，大夫一看就明白。

看医生要带上病历和药物说明书

孩子病了几天，如果需要再次带孩子去医院，一定要把之前吃的药都带上，同时还要带上病历和检查结果。

爸爸妈妈不能保证自己能记住孩子吃的所有药物的名称，而且药物名又有商品名和成分名之分，爸爸妈妈关心的是商品名，医生关注的是成分名。同一药物成分，不同的药品生产商会有不同的商品名。如果只带病历的话，医生也不一定能看清病历本上的药名。为了让医生直观地看到药，了解药物成分，决定下一步的治疗方案，最好带上药品说明书，并告诉医生，吃了这种药效果如何。

医生看到孩子之前服用的药，了解服药后的效果就可以进行连续治疗。每一种药都需要达到一定的浓度才会起效，服用之前的药本来已经快起效了，但如果医生不知道孩子用过什么药，又开了新药，吃新药从开始到见效还需要三天左右，这样就造成了病程延长。

看病时医生说的话一定要仔细听，听不明白就问，直到弄清楚，特别是用药的剂量和时间。经历了挂号、检查、诊断，最后就是用药治疗，最后的环节没做的话，前面的工作等于全部白做。所以用药的剂量一定要记清楚，药量少了起不到应有的效果，药量过多则可能引起中毒等副作用。

用药的时间也要记清楚。有的药需要饭前吃，有的药需要饭后吃，如果爸爸妈妈没有仔细听医嘱，很可能起不到应该达到的效果。

症状变化过程

自然变化

药物干预

家长带孩子看病时，需要说出：

- 症状有什么自然变化
- 做过哪些药物干预
- 药物干预之后有哪些变化

描述疾病的自然变化和药物干预后的变化

家长向医生描述症状的时候，自然变化和药物干预的关系一定要说出来，因为自然变化和药物干预之间的关系对医生会有很大帮助。

首先，什么是自然变化？什么是药物干预？我们以发烧为例，自然变化指的是发烧过程，药物干预就是用了退烧药以后的体温的状况。比如，孩子发烧40℃，已经三天了，但是通过药物干预和自然变化的关系家长就会有新的发现，原来吃一次退烧药能够管三小时，现在吃一次退烧药能管六个小时了，用这种方式和医生一讲，医生会特别容易判断。他会分析，退烧有两种形式，一种形式是温度越来越低，一种形式是间隔越来越长。一分析，自然知道病情的变化了。 再比如拉肚子。昨天拉六次，今天拉三次，大便前天特别稀，和水一样，昨天稠了，家长认为见好了。医生一问，给孩子吃了蒙脱石散，蒙脱石散主要成分是矿石粉，拉出来当然是石膏样的，可以说见好了吗？当然不能。所以，只告诉医生六次变三次了，医生也不能判断是否好转了。必须得告诉医生进行了什么样的药物干预，这个很重要。举个例子，爸爸妈妈可以这样问医生："孩子吃抗生素两天了，咳嗽还和原来一样，接着吃还是换一种药？"医生一听可能会让你继续吃，也许多吃一天就起效果了。如果家长没有说明吃药的情况，医生不知情，就很可能开一种新药，吃新药从开始到见效需要三天左右时间，这样就造成了病程的延长。

所以，不仅要告诉医生孩子什么症状，还要告诉医生做了哪些药物干预，以及药物干预之后有哪些变化，最好是记录下来。

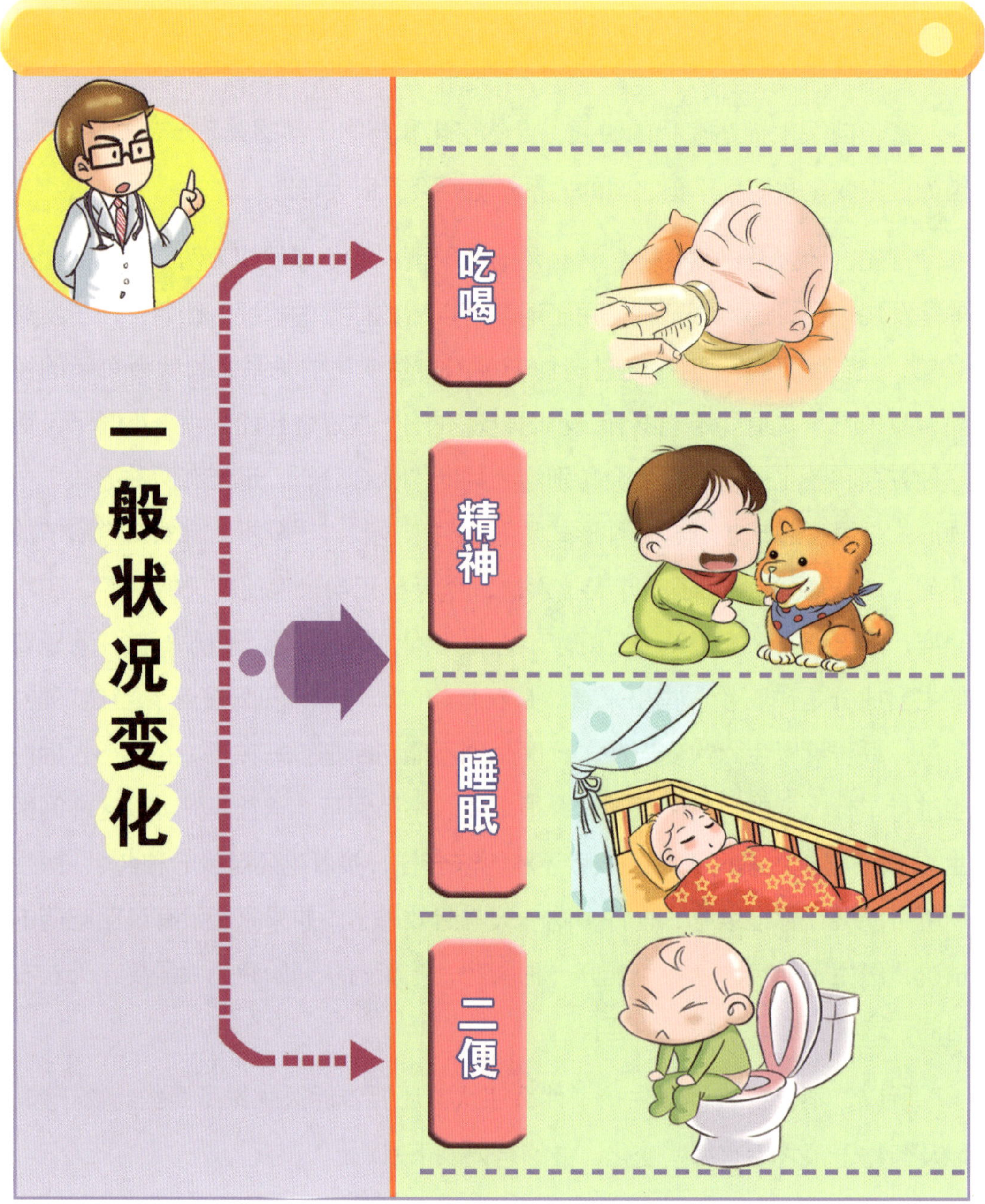
一般状况变化
吃喝
精神
睡眠
二便

关注并描述孩子的一般状况

除了介绍生病的状况外，还需要介绍孩子的一般状况。因为吃、喝、拉、撒、睡代表着孩子的整体健康状况。同样是烧到 39℃，一个孩子的生活规律没有变化，该吃的时候吃，该睡的时候睡，而另一个孩子吃饭睡觉全受影响了，显然后一个孩子的病情比前一个孩子重。

首先，吃喝怎么样。原来吃这么多，现在还吃这么多，或者吃喝变多了还是变少了？要和平时的状况做比较。此外，精神状况如何。平常这时候该玩，现在是不是还在玩？孩子生病时，家长会以某项具体指标作为标准来判断病情的轻重，比如体温，通常认为发烧 40℃的孩子肯定比发烧 38℃的严重，但 38℃的孩子无精打采地躺着，发烧 40℃的还活蹦乱跳，显然 38℃的孩子更严重。所以要关注孩子的精神状况，大孩子可以问他是否难受，小一些的孩子虽然不能用语言表达，但如果他玩得好，作息规律没有太大改变，就说明他精神状态还可以。而那些生病后“乖”得不得了的孩子，不爱动，不想说话，不哭也不闹，其实说明他很难受。孩子越是不哭不闹，往往可能病情越重。还有睡眠状况如何？平常这时候睡觉，是不是还在睡觉？平常这时候该醒了，是不是也醒了？睡眠状态是不是踏实？平常是不是这样？原来睡不踏实，现在也睡不踏实，之间有没有差异？这样去跟平日比较。还有大便的情况，一定要和平常比，不要和别人比。还是强调尽可能客观，一天排几次便，干燥程度怎么样等。把这些问题逐一地和医生交流，医生就了解问题了。

孩子没有问题，回去吧！
孩子在家一直咳嗽，咳个不停，怎么能说他没问题？
这20分钟不一声也没咳吗？
他就是咳嗽，咳得很严重！
那就住院观察吧。
其实也没那么严重啦，一天也就咳几次……

3 如何理解医生的治疗

医生应该做什么？

医生应该做的事

- 询问病史
- 查体化验
- 确定诊断
- 治疗方案
- 复诊计划

询问病史与查体化验

家长带着孩子来到医院看病，医生首先要询问病史。家长提供的病史越准确，对后面的诊断就越有利。如果家长准备得好，医生一问，就基本上清楚了。

询问完病史接下来是查体化验。先是查体，后是化验。查体，根据病史，医生会开相应的检查单，重点检查某些部位。有时因为孩子哭闹等原因查体做不太好，家长可以平时在家里检测体重和身长，到医院后，即使做不好查体也能知道大概范围。了解了孩子的基本数据以后，就可以开始相应的化验。化验时，我们建议尽量不要抽血。抽血对孩子有损伤，若不得不抽血的时候，尽可能抽手指血，手指血能做的尽量不抽静脉血。但不是所有的检查都能够用手指血。比如要确定是否贫血，只能用静脉血，不能用手指血。手指血只能用作筛查。如果查手指血不贫血，就不需要查静脉血。如果手指筛查有贫血，那必须用静脉血来确定。总体来说，化验检查还是尽量使用非创伤的方式，比如用咽部的分泌物，鼻腔的分泌物，或者尿、大便等。根据检查、化验的紧急程度以及疾病的轻重缓急，家长需要等待的时间也不一样，一般的血常规、尿常规、便常规，在一个小时左右都能出来。家长可以立等，结果出来就分析。有些检查可能需要时间比较长，比如过敏原或者是一些肝肾功能之类。

有时候需要家长配合化验，比如孩子腹泻，到医院来基本上要做大便检验。有的家长习惯在家让孩子尿完拉完再到医院来，所以到了医院后再取排泄样本就要等很长时间，家长烦，孩子哭。但是如果家长能从家里带一点来的话，就不需要等，马上就可以进行化验，诊断就可以加快很多。

提示： 孩子腹泻后，可以把大便放在塑料瓶或塑料盒里带到医院化验，如果没有塑料瓶或塑料盒时可以用保鲜膜、保鲜袋包裹带到医院。

留尿和便时，需要注意：

第一，容器必须清洁，不能有任何其他的液体，包括水；

第二，取完以后，尽快送到医院，间隔绝对不能超过两个小时。

从初步诊断到确定诊断需要时间

查体化验有了结果，接下来是初步诊断。

这时候家长不免有疑问了，都有检查化验的结果了，为什么还叫初步诊断？为什么不叫确定诊断？

大家都有经验，第一次看病，特别是急性发作，到医院以后医生做出的诊断都叫初步诊断。因为不能保证诊断结果能与最后的结果一致，很多时候还会有变化。

带孩子到医院看病，家长希望一次能够给他看准，医生当然也希望。但是医生也不能保证所有的情况都能够一次看准，因为医生对疾病的确诊也需要一个过程。这就需要家长在初步诊断后接受治疗，如果发现什么问题继续反馈给医生。

另外，很多检查需要时间，在初步诊断后，再经历一定时间，一般一天或者两天，检查结果出来后，医生才能把确定诊断的结果给家长。

有了确定诊断的结果以后，就要有一个治疗方案，这时候医生就会给孩子开出最佳的药物，确定诊断后的治疗，才能够达到最佳。

崔大夫，宝宝生病，跑了四家医院都没看好，您快给看看吧！这些都是医生开的药。
医生的诊断没有问题，该开的药也都给开了，给孩子按时吃了吗？
这个……
如果不能遵守医嘱的话，医生的建议再正确，也达不到该有的效果。

制定正确的治疗方案

大家是否有这种经历，孩子病了，带孩子看完病，回家后却没有按照医生嘱咐的去做，或是没完全按医生说的去做。为什么？不大相信这家医院，不大相信这位医生。

经常有家长对我说："我带孩子看了几家医院都没看好。"再一问，其实哪家医院给的建议，他都没有完全遵守。不完全遵守的话，治疗方案就不能实行下去，更不能达到治疗的效果。你看了这位医生的门诊，为什么又不遵循他的治疗方案？即使给你的诊断特别准确，如果你不相信，不去执行，也不会起到任何效果。难道看门诊只是为了花钱买药吗？

治疗方案到底能不能行得通，取决于患者对这家医院和这位医生的信任程度。患者信任医生，按照医嘱去做了，发现病好了；患者不信任医生，不按照他的医嘱去做，即使他说的正确，肯定也没有好的效果。当然，从医生的角度，怎样通过和家长的交流，让家长信任自己同样是很重要的。那么从患者角度讲，如果你相信这位医生，你就愿意再来。否则的话，不按医嘱做，耽误的是孩子。有时候我批评家长："你所有的药都有了，诊断也没有错，为什么不用呢？这不是耽误孩子吗？治疗方案再好，你不接受，有什么用？"

所以，希望大家从开始就直接去找那个自己信赖的医院和相信的医生，否则的话会耽误治疗方案的实施，当然治疗效果就会受到耽误。孩子的疾病要得到很好的恢复，既不能100%依赖医生，也不能全部留给家长，需要我们共同努力。

治疗方案——依从关系

——治疗的依从性

治疗的依从性不仅取决于孩子，更取决于家长。家长保持理智，信赖你的医生，遵守医嘱才能取得最佳疗效。

治疗方案的选择与疗效的有效性

治疗方案的选择既取决于孩子，又取决于家长。取决于孩子，主要看孩子对这种治疗方式是否接受，比如医生让吃药，孩子不爱吃；医生给打针，孩子不让打；医生让雾化吸入，孩子又哭着不愿意吸，孩子自己会有选择。取决于家长是说，在这种情况下，该不该继续接受这种医疗方式，家长一定要保持理智，孩子虽然多哭了几声，但坚持接受治疗效果明显，那就必须治疗。如果不是必须使用这种治疗方式，我们换用一个孩子可以接受的方式。比如孩子哇哇吐呢，给他吃退烧药，全部吐掉了，退烧药完全发挥不了作用，这时候我们可以选择肛门栓剂。

有的时候，可以选择其他办法达到效果，减少孩子的痛苦，但不是所有的痛苦都能避免，相信医生一定会尽可能关注到。

至于疗效的有效性，要客观地去理解。比如发热，有一种退烧形式是体温越来越低，还有一种退烧形式是发烧的间隔越来越长，这两种方式都是疗效有效性的表现。比如咳嗽，刚开始是干咳，后来变成有分泌物的咳嗽，这同样是治疗有效性的体现，说明见好了，水肿开始减轻了，分泌物开始排出了。但是如果孩子发烧，原来还能满地跑，到现在躺床上不爱动了，这就是加重的情况，说明效果非常不好。

我们一定要用客观的症状来看待治疗的有效性，而不是说某个权威告诉你有效就是有效。

如何理解医生的治疗方案

症状变化——疾病过程

疾病过程中症状变化

- 同一症状变化
- 不同症状转化

症状变化与疾病关系

- 见好的标识
- 加重的迹象

疾病过程中的症状变化

生病的过程中症状会发生变化。症状变化有两种情况，一种是同一症状的变化，另一种是不同症状的转换。

同一症状的变化比较容易判断。比如发烧，昨天 39℃，今天 40℃了；或者昨天 39℃，今天 38℃了。再比如咳嗽，原来一天至少咳十次，现在一天咳三次了；或者原来一天只咳三次，现在至少得咳十次。这些都是同一症状出现了变化。

不同症状的转换，我们同样来举例说明。孩子发烧 40℃，三天后，不发烧了，开始出现咳嗽；或者发烧三天，烧退了，全身出疹子了。这些情况都是症状的转换。

但是，症状的转换可能是好事儿，也可能是加重，如何去判断呢？比如一个孩子高烧三天，39℃烧到 40℃，现在不烧了，开始咳嗽，家长会说，会不会得肺炎了？医生会告诉你，不会，这是见好的标志。为什么呢？细菌或病毒进到体内，人体受到侵袭，所以要发烧。后来病毒、细菌被人体控制住了，水肿是不是就要有分泌物释放？释放分泌物的时候，呼吸道有分泌物了就会出现咳嗽。这样大家就能理解。如果不了解这些的话，就会想，终于不烧了，怎么又咳嗽上了？以为症状又严重了。

这个时候，医生会用自己的专业知识，帮你解决这个问题，告诉你病情是加重了还是见好了。

崔大夫，孩子还在便血，你这个方案好像三个月还没见效。
给孩子吃奶制品了？
没有，就吃了点益生菌、钙铁锌、维生素D、乳钙……
乳钙是从牛奶中提取出来的钙，对牛奶过敏的孩子怎么能吃？便血能好吗？
我是觉得不该吃，别人都说不吃不行，会缺钙的，不敢不吃啊！
谁给你说的不吃不行啊？你宁愿听没有依据的话，也不听医生的建议？

复诊尽量找原来的医生

看完病后，有时医生会告诉你，几天以后，或出现什么情况要再来医院，这是复诊计划；有时会告诉你，这个病过几天好，就不需要再来了，这也是复诊计划。一定要遵循复诊计划，虽然复诊绝大多数都能康复。

复诊的时候，最好还找原来那位医生。不要因为第二次、第三次来看病，就拒绝原来那位医生，接受一位新的医生。新的医生没看过孩子的病，又需要对病情从头开始了解，就可能耽误时间。如果继续找原来那位医生，这种情况没见好，他就会在原来的基础上又有一个新的认识，或者在原来治疗办法的基础上进行改良，这样很可能就能达到最佳治疗。

有的家长说，我看了几个医生，说法怎么都不一样？为什么不同的医生对待同一个疾病会有不同的说法？因为每个医生，在治病这个过程中，都有自己的特点。我们平时解决问题都可以用不止一个办法，同样，对待疾病，医生为什么不可以有不同的理解呢？医学是科学还是艺术？其实是科学加艺术，不是纯科学，不会像一加一等于二，任何人计算都是二，不会出现任何偏差。

姑且不说各个医生的说法是否相同，关键是要遵循同一个医生的治疗办法，把病治好。复诊也遵循同一个医生，来继续把诊疗实施好，孩子才会有很好的康复。

营养与疾病治疗

生长发育靠营养

疾病治疗靠药物

营养支持增疗效

药物营养齐奏效

用营养支持来增加药物疗效

生长发育靠营养，疾病治疗靠药物，营养支持能够增加药物的疗效。营养和疾病治疗，是相辅相成的关系。

20 年前说到营养与疾病治疗，基本上是能不吃就不吃，能少吃就少吃，以免有损伤。如果一个急性腹泻的孩子来看病，第一条医嘱就是禁食三天，先什么都别吃，饿三天。

现在对于疾病和营养的关系的认识，已经和以前大不一样了。现在我们认为营养与疾病治疗的关系密不可分，不同时期一定要选择合适的营养。如果选择的营养不合适，就会出问题。现在有很多特殊的婴儿食品，在特殊状况时可以选择使用。比如腹泻时，我们有不含乳糖的配方，或者有乳糖酶可以加在普通配方粉或母乳中；如果孩子生长缓慢，我们有高能量配方；如果孩子过敏，有水解蛋白配方；如果孩子是早产儿，有早产的配方；早产儿的妈妈想给他哺乳的话，还有母乳强化剂……有太多太多的特殊配方，只要我们了解疾病的状况，现在基本上都有相应的能够跟上这种特殊状况的特殊营养。

有家长会问："特殊营养对孩子有没有坏处？"现在总体来说，特殊营养没有坏处，因为它是营养，不是药物。特殊营养，只要做好，都能达到营养支持的效果。

我们现在有医学营养专业，研究医学营养在疾病状况下的支持，让营养与药物相互配合，支持疾病的痊愈。大家想想，一个 690 克的早产儿，生后多

20年前，孩子腹泻，医生一般给出的医嘱是：禁食，饿三天。

现在孩子腹泻，可以用不含乳糖配方粉或添加乳糖酶在母乳中。

不仅如此

孩子生长缓慢，可以选择高能量配方

孩子过敏，可以选择水解蛋白配方

孩子早产，可以选择早产配方

长时间内，可以接受向胃肠道里喂东西？医生告诉你，生后 24 小时，大家相信吗？可是随着科技的进步，现在确实有他可以接受的食物，全水解的蛋白，全水解的脂肪，全水解碳水化合物，只要他的肠道、肾起作用，就能够吸收下去。

我们过去不可能想象的事情，现在确实实现了。所以，孩子生病的时候，一定要和医生交流一下，如何从营养上去改善。营养上的改善，可以让疾病更快地治愈。

有些得了恶性肿瘤的人，每天大剂量的化疗，恨不得第二天一睁眼，肿瘤细胞能全部被杀死。其结果却是过早地离开人世。

而有的人乐观面对，在治疗中，永远选择用最小的剂量，使状况不再严重就可以了。这样的人往往会延长很多年的寿命。

原因是药物在杀死肿瘤细胞的同时，也会伤害大量的正常细胞，用药少可以保证他自身肌体不受到很大损伤。尽量动用我们身体自身的能力让疾病慢慢消失，而不是依赖药物。

尽可能减小药物对身体的损害

12 年前，我所工作的医院有一名外籍老医生被诊断为恶性淋巴瘤，对一个老人来说，这应该是一个相当大的打击。但是他自己是医生，特别镇静地跟我聊天："我现在多了一个朋友，这个朋友叫恶性淋巴瘤。既然它找到我了，我就要与它和平相处。"在治疗中，他永远选择用最小的剂量，使状况不再严重就可以了。

也是那个时间段，我们医院的一名医生，是一位中国医生，同样得了恶性淋巴瘤，结果不到五年时间就病逝了。为什么呢？每天大剂量地化疗，恨不得第二天一睁眼，肿瘤细胞能全部被杀死。

到今天，这位老医生精神状态仍然非常好，从来没有人能从外表上看出他是恶性淋巴瘤患者。为什么同样的病，他就能控制得很好呢？因为他肿瘤增长不是太快，对他损伤很小，另外，他用少量药物把肿瘤控制住，不让肿瘤增长太快即可，从来没有使用大量的药物杀死肿瘤细胞。药物在杀死肿瘤细胞的同时，也会伤害大量的正常细胞，用药少可以保证他自身肌体不受到很大损伤。

这个故事给我们什么启示呢？在人生的过程中，必然经常会有一些朋友光顾我们，这些朋友叫疾病。我们要学会和它们相处，尽量动用我们身体自身的能力，而不是依赖药物让它们慢慢消失，让药物对我们身体的损害尽可能地减小。

急性期疾病损伤

恢复期好转程度

痊愈期症状消失

慢性期器官状况

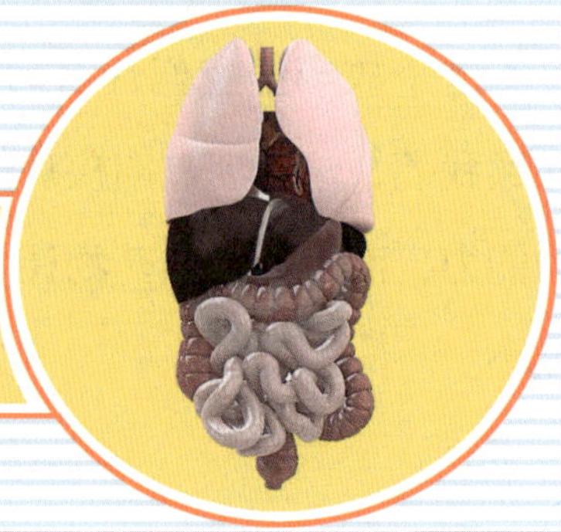

如何关注预后

预后是指预测疾病的可能病程和结局，如果家长能对预后有一个很好的了解和认识的话，在孩子的疾病过程中就不会那么惊慌。急性期疾病损伤，去医院看病，医生会和你说，这个病现在是什么状况，在什么时间大概会好转到什么水平，恢复期好转的程度是以什么时间、什么状况判断，这个时候需要治疗判断，或者不需要治疗判断。接下来，痊愈期症状消失，不是说痊愈期就意味着和过去一模一样，很可能还会有一些其他的问题产生，应该怎样对待这些问题。另外，慢性期器官的状态，从得病到完全恢复到疾病前的状况需要多长时间。

我们以孩子轮状病毒性胃肠炎为例。轮状病毒在体内经过一个周期（七天）自然会衰败，言外之意，轮状病毒胃肠炎七天就应该恢复，但很多情况下并没有恢复，是因为其乳糖酶不耐受。所以在轮状病毒胃肠炎一开始，我们就会有乳糖酶的介入，或者不含乳糖配方的介入。如果不及时介入，这样腹泻会持续很长时间。家长说的“孩子拉肚子一两个月”，这种情况基本上是乳糖不耐受的问题。头三天腹泻，不要止泻，让自然排泄，但是要保证不脱水，或者积极治疗脱水就可以了，到痊愈期症状消失，胃肠道经过轮状病毒胃肠炎不可能一下子就恢复到原来的状态，痊愈后到完全恢复到疾病前的状况最快也需要一个月的时间。家长了解了这个过程，就踏实了，在家观察时，就可以自己分析，情况是不是确实有见好的趋势，可以耐心地在家等待。否则的话，总是想孩子怎么还没好啊？就会越来越着急。

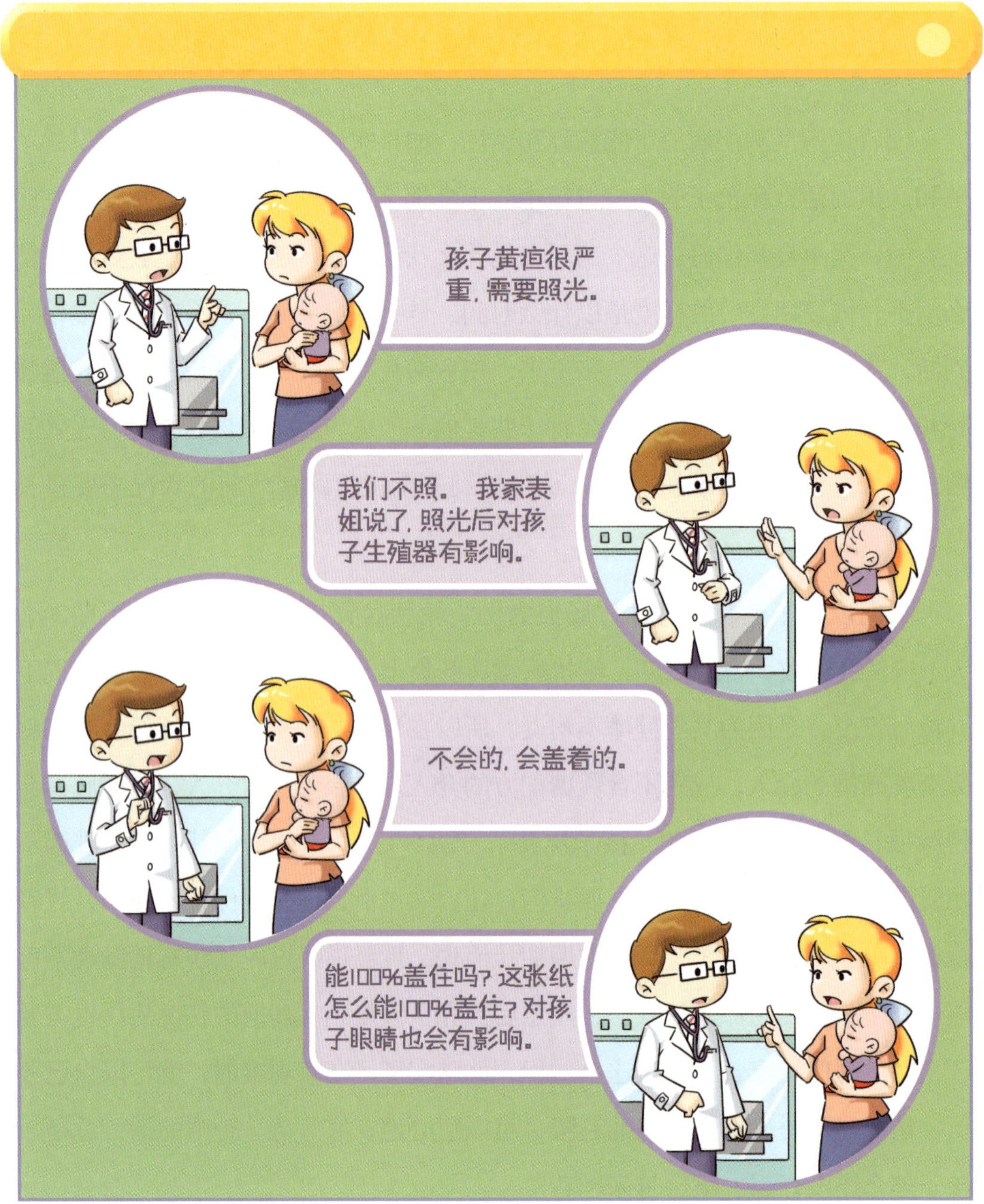
孩子黄疸很严重，需要照光。
我们不照。 我家表姐说了，照光后对孩子生殖器有影响。
不会的，会盖着的。
能100%盖住吗？这张纸怎么能100%盖住？对孩子眼睛也会有影响。

4 家长需要注意的问题

一些家长见到孩子流鼻涕打喷嚏就着急，立马给孩子吃药打针，孩子很难受，却见不到效果。

孩子生病本身是刺激免疫系统成熟的过程。家长首先要做的是镇定下来，观察病情变化，记录数据。

轻微的流鼻涕、咳嗽等，可以多饮水、多休息、洗热水澡，不要急于就医用药，避免药物伤害和交叉感染。

如果孩子总是流浓稠的黄色鼻涕，且不是感冒，则要考虑到医院检查，看是否是鼻窦炎。

孩子流鼻涕打喷嚏，家长别先自乱阵脚

许多家长遇到孩子流鼻涕、打喷嚏，甚至低热的情况就开始着急。爱护子女的心情我们太理解了，但是家长真的不要过于紧张，这样说有两个原因：第一个原因，生病本身是刺激免疫系统成熟的过程，如果我们不让孩子生病，那么免疫系统就不能很好地成熟。再有，轻微疾病的时候我们应该观察，观察疾病的变化，而不要过早用药，过早用药未必能够对症或对因，甚至还可能带来药物本身对孩子的伤害。

所以我们建议在孩子出现轻微的流鼻涕、咳嗽、打喷嚏时，先做一些相应对症的处理，比如说多饮水、多休息、洗个热水澡等，千万不要遇见问题就着急看病、就医、吃药、打针，因为在就医的过程中，还可能会出现交叉感染的问题。

崔大夫，孩子患轮状病毒腹泻，吃了好多药，好不容易压住了，又开始发烧，怎么都退不下去，着急啊……
腹泻是排毒的过程，用药后虽然达到了止泻的效果，但毒素排不出去，只能进入到人体内。
我实在看不下去孩子那么难受，想让他快点好起来，才给他吃了止泻药。
你想想，让孩子拉完，把毒素排出体外恢复得快，还是留在体内恢复得快？

要选择适宜治疗而非最快治疗

疾病痊愈速度虽然偏慢，但愈后良好，不会引起远期健康问题的治疗，叫适宜治疗。最快治疗，顾名思义，就是能用最快速度缓解症状的治疗。最快的治疗不一定是最适宜的治疗。

虽然这个道理很容易理解，但是，一到孩子真的生病了，家长总希望医生进行最快治疗，让孩子马上不发烧，马上不拉肚子，马上停止呕吐。这种心理可以理解，医生当然也希望孩子马上好起来，但是疾病的恢复需要一个过程。举一个例子，孩子腹泻，已经诊断出是轮状病毒性胃肠炎，这种病主要的表现就是呕吐、腹泻，诱导排便是制止呕吐的有效方法，尽早排出肠内的毒素，还有利于疾病的早期恢复，五至七天可以自愈。孩子表现完全正常，但家长着急，“为什么不给吃止泻药？”自己回去悄悄给孩子用了止泻药，结果不腹泻了，第二天开始高热不退。为什么？因为腹泻是排毒的过程，虽然不腹泻了，但毒素排不出去，自然会进到体内。毒素排出去疾病恢复得快，还是留在体内疾病恢复得快？结果显而易见。

所以，对待疾病，需要的治疗一定是不会引起远期健康问题的适宜治疗。适宜治疗的推广具有难度，难度就在于需要家长的定力，只有家长定得住，才能做到适宜治疗，如果家长坚持不住的话，适宜治疗很难做到。如果病治不好，叫不正确治疗，这和适宜治疗没有关系。

孩子现在发烧40℃，洗澡温度应该多高？
最起码不能高于39℃。
为什么？
因为这样体温就可以降到39℃。
一点科学道理都没有，听我来解释……

能选择物理治疗就不选择服药

物理治疗意味着不用药物，而是用我们生活中的一些方式方法作用于人体，以达到预防和治疗疾病。对于婴幼儿经常出现的发热、鼻分泌物、咳嗽等都可以使用一些物理的办法。

发热的物理治疗

大家都知道孩子高热的时候给他洗澡是物理治疗。比如孩子现在发烧40℃，洗澡温度该是多高？家长回答："最起码不能高于39℃，因为这样的话，体温就能从40℃降到39℃。"其实，一点科学道理都没有。夏天户外43℃，人的体温会不会升高到43℃？肯定不会。因为人体的皮肤可以主动地散热。

再比如孩子发烧38℃，我们用稍高一点的水给他洗澡，皮肤血管很快就会扩张，热量就出来了。注意不是皮肤血管一扩张，热量就进去了。我们人体的表面是皮肤，皮肤是可以有机调节的，所以我们在户外43℃的时候，体温仍然可以保持正常。

而衣服不一样，没有有机调节的机能，穿得多热量散不出来。所以，我们冬天多穿点，热量散不出来可以保暖；夏天要少穿点，如果夏天穿得多，热量发散不出来，容易引起中暑。同样的道理，孩子发烧时穿得多，热量散不出来，在体内积着，很容易出现高热惊厥。

大家想想，三伏天你游完泳，出来一刹那是热还是冷？为什么冷？水分蒸发过程中带走你皮肤的很多热量，所以感觉冷。同样，当孩子温度高的时候，

考考家长

今天你朋友的孩子发烧39℃，给你打电话来救，你第一句话应该对她说什么？

先要关注孩子的精神状态，满地跑呢还是窝在沙发上，谁也不理，也不出声；或者平时不该睡的点儿，现在睡着了。这些是不是都是不一样的状况？

给他一个热水澡，让毛孔打开，散热就把热量带走了，不是都进去了。这和我们热传递不一样，不是那么简单的道理。所以我们才建议洗热水澡。一定不是上文说的那样，40℃体温，用不超过 39℃的水温给孩子洗，这样的话孩子会有寒战反应，会让皮肤毛孔收缩，热量更不容易散出来。

是不是我们一冷的时候，汗毛都立起来，摸起来都一个小包一个小包的？其实那个就是皮肤收缩，热量都积在体内了，就更出不来了。所以我们会见到，捂着大被子的孩子来到医院的时候，会高热惊厥，还是因为热散不出来。所以这时候，物理降温，洗热水澡，再有把室内温度适当提高，给孩子少穿点衣服，让他散热，效果非常好。

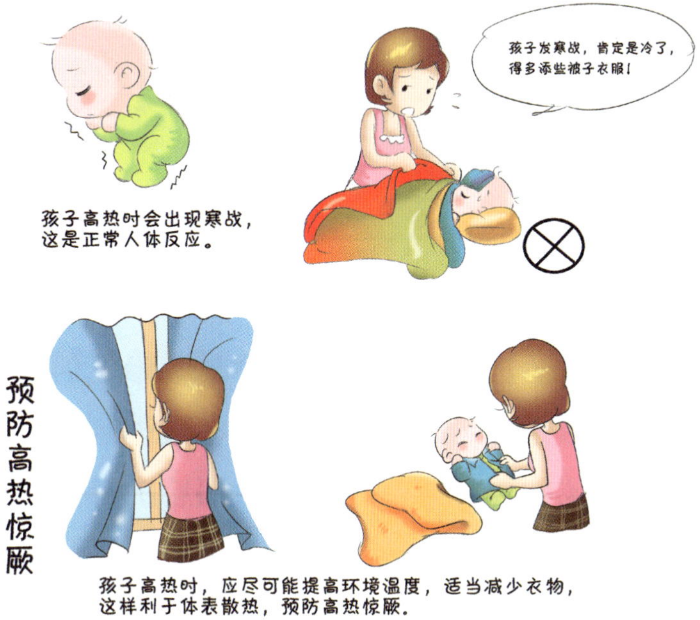

如何保护鼻黏膜?

保护鼻黏膜非常重要，可以使用浸满油脂（橄榄油、鱼肝油等）的棉签涂抹鼻黏膜，将鼻黏膜与空气适当隔离。这样做有以下四个作用：

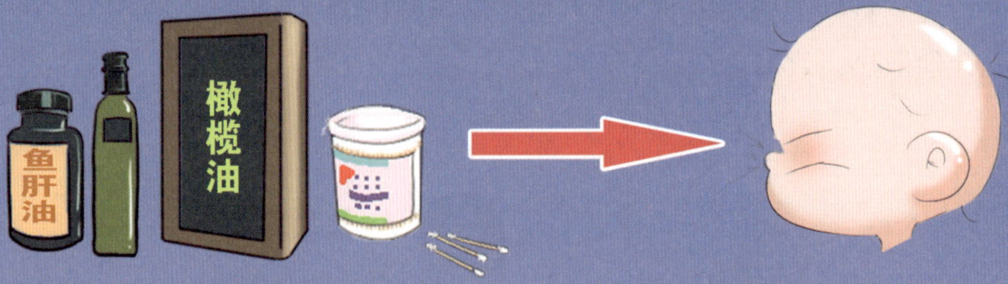

1. 如果鼻黏膜已经受损，可给鼻黏膜修复的机会；
2. 如果过敏性鼻炎，也可避免鼻黏膜的刺激；
3. 如果分泌物过多，也可减少分泌物的分泌；
4. 如果鼻黏膜正常，可避免干燥空气对黏膜的损伤。

鼻分泌物过多的物理治疗

如果孩子鼻孔分泌物很多，怎么做物理治疗？

现在太多家长每天和孩子鼻子过不去，看着孩子鼻孔里分泌物出不来，睡觉都睡不踏实。用尽各种办法，拿东西吸、抠、弄，结果越弄分泌物越多。

鼻黏膜就是分泌腺，刺激越多，分泌物越多。所以每天给孩子抠鼻子的过程，就是刺激鼻黏膜再产生分泌物的过程。

如果分泌物多，有没有什么办法消除呢？抹点橄榄油，让他打喷嚏。如果特别多，堵死了怎么办？用温湿毛巾敷，或者是你把家里浴室放满蒸汽，把孩子放进去，让他在浴室待十几分钟。分泌物变稀了以后就出来。出来以后，再拿棉签蘸点橄榄油抹一下，让它跟外边空气隔离。其实这种办法也叫物理治疗。

有人问加湿器有没有效果，不能说没有。但是凉空气起作用会来得慢，热空气起效更快。在浴室热蒸汽里五分钟达到效果，而普通的加湿器，30 分钟也未必能够达到效果。

家长们，考考大家，孩子现在咳嗽有痰，咳不出来，有什么物理方法吗？
雾化吸入。
药物治疗。
生理盐水。
这个也算药物治疗。
拍背。

咳嗽有痰的物理治疗

孩子咳嗽有痰，但又咳不出来，我们有没有物理的办法帮助他咳出来？

家长第一个想到的就是雾化，雾化是药物治疗；生理盐水，也算药物，不是物理治疗；那么蒸汽呢？蒸汽虽然不算药物，但蒸汽吸完了，不起作用，因为他不是鼻腔而是呼吸道有痰，怎么办？

一个很简单的办法，帮孩子拍背，这个拍背很重要，非常科学。

先把手形成一个拱形，放到孩子背上，然后动手腕去拍。大家互相拍一下，就知道这种感觉，一点都不疼，只是起到一个振动的作用。这样一个物理振动，就可以帮助孩子把分泌物排出来。

有的孩子太小还不会站，可以让他趴在床上拍，或者抱起来拍，都可以。这些都是物理治疗。

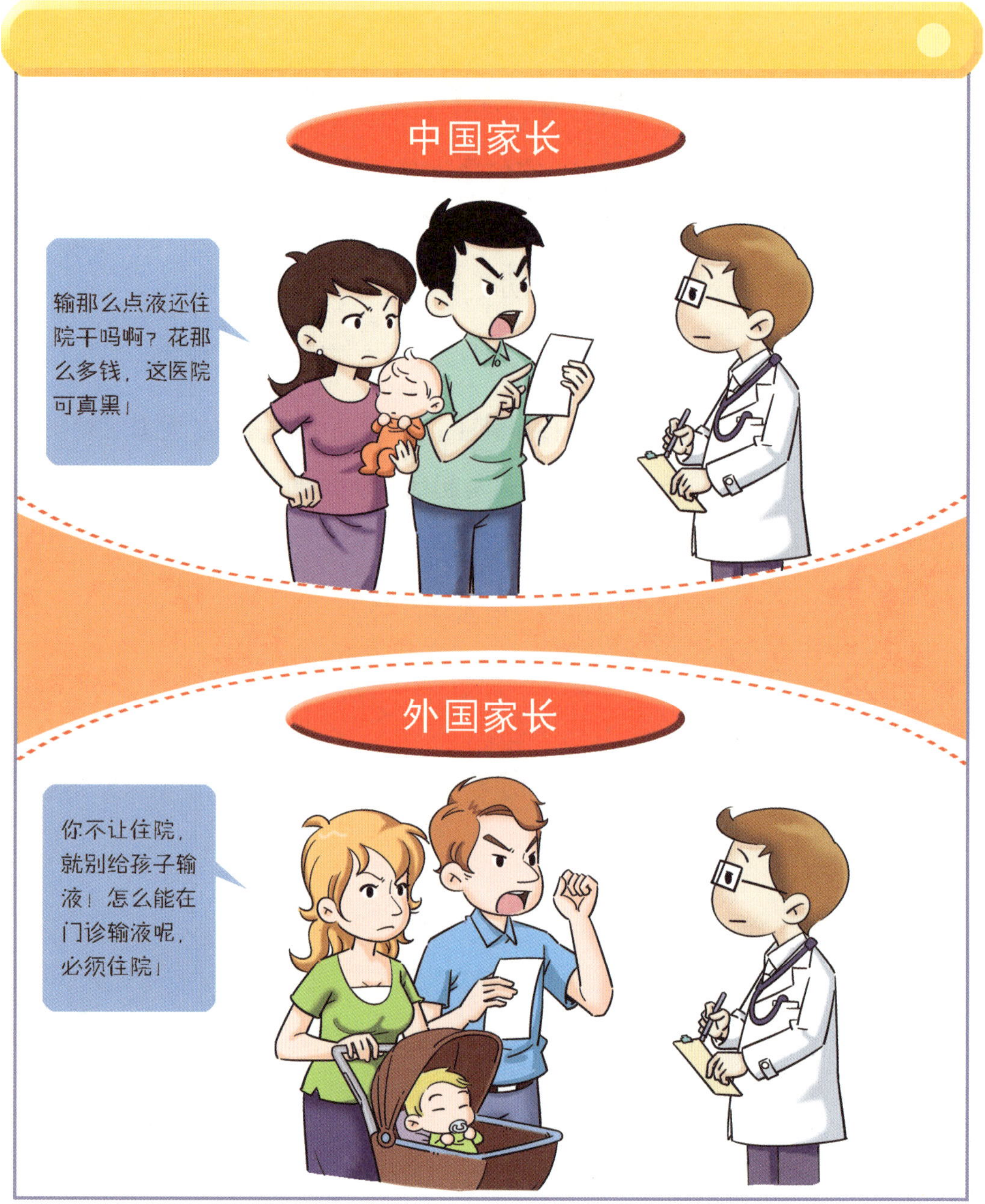
中国家长
输那么点液还住院干吗啊？花那么多钱，这医院可真黑！
外国家长
你不让住院，就别给孩子输液！怎么能在门诊输液呢，必须住院！

能选择口服药就尽量避免静脉输液

有家长问："口服药物好还是静脉输液好？"一般状况下，口服药物会相对安全，因为肠道是一个过滤膜，口服的情况下有些东西会被肠道阻挡，可以通过粪便排出人体；而静脉输液则是直接注入血液，如果用显微镜观察静脉输液过程的话，你会看到大量的颗粒物都进入到了孩子的血液当中。

目前很多人仍然认为静脉输液是特别简单的一件事情。我们也经常会在电视里看到有人坐在墙根儿特别淡定地举着瓶子在静脉输液的画面。实际上，静脉输液非常危险，在国外，静脉输液甚至达到了小手术的级别。外国人在中国看病会说："你们怎么能在这样的环境下静脉输液呢？"当他们到医院看病，医生让静脉输液时，他们会站起来惊恐地说："你都没让我住院，怎么能让我静脉输液？"因为在国外，静脉输液最起码是要在住院部做的。我们所处的环境，肉眼看起来好像特别清洁，实际上用显微镜一看，到处都是颗粒。输液的时候，这些颗粒可能跟随着输注的液体一起进入到血液里。

有人会说，在口服药的时候不也会跟着吃进一些颗粒物吗？是的，但是口服时有胃肠道这个过滤膜，可以阻挡一些东西进入血液。

一般人都认为静脉输液起效更快，但事实上，同样的药，口服用药比静脉用药达到药效的高峰晚不了半个小时，但是口服用药药效持续的时间会比较长，而且副作用会明显降低。为什么口服药的用法通常是一天三次，而静脉药一般要严格到八小时一次，要严格按照时间给药，就是因为静脉用药药效来得

同样的药口服和静脉注射哪个起效快？
静脉起效快。因为静脉是通过血液循环。
同样的药口服和静脉注射哪个维持的时间长？
口服维持时间长。因为口服是缓释。
来得快好还是维持时间长好？
各有利弊，要根据具体情况判断。口服药物可以解决的问题，不主张静脉注射。

快，但是随着人体代谢药效去得也快。如果你不能按时间给药的话，药效就会出现问题。

绝大多数口服药是脂溶性的。就是说我们食物里如果有脂肪摄入的话更利于药物的吸收。建议饭后服药就是这个道理。有时候，医生建议婴儿的药和奶一块服用，也是为了增加吸收率，并不是简单地为了增加婴儿对药的接受程度。

孩子生病了，着急归着急，千万不能因为一些做法让自己后悔。过一段时间和医生说，当时真不应该这么做，这样的话越少越好。

对于用药途径大家也要重新去思考，我们普通人对专业的用药知识不可能了解到那么详细，相信你的医生，接受医生的建议，医生会带着你去做。

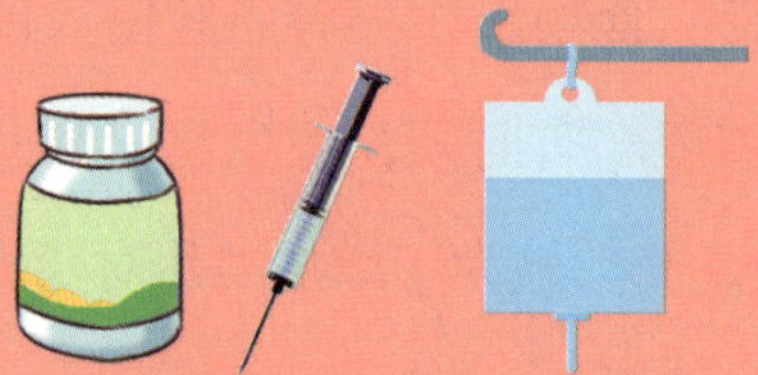

口服药、肌肉注射、静脉注射都是全身治疗。

外用药、雾化吸入等属于局部治疗。

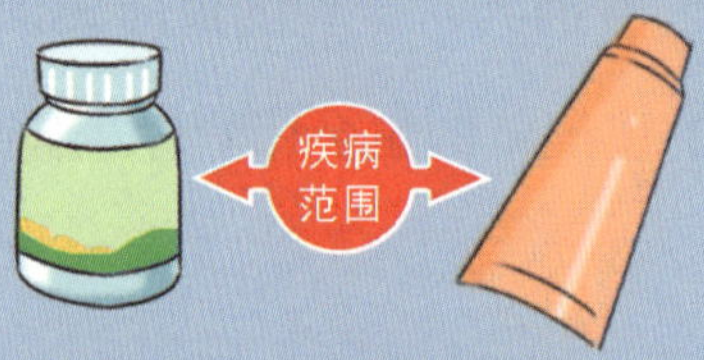

选择全身治疗还是局部治疗，主要根据疾病的范围确定。

比如，孩子身上起了湿疹，选择局部抹药。

如果孩子有败血症，当然应该全身治疗。

尽可能不对婴幼儿进行肌肉注射。因为婴幼儿的肌肉较薄，吸收较差，皮肤很容易形成局部硬结。

能选择局部用药就尽量避免全身用药

口服药、肌肉注射、静脉注射都是全身治疗；外用药、雾化吸入等属于局部治疗。

应该选择全身治疗还是局部治疗，主要根据孩子疾病的范围确定。比如，孩子身上起了湿疹，是否应该局部抹药？如果孩子咳嗽、有痰，是否应该雾化吸入治疗？当然是。如果孩子有败血症，当然应该全身治疗。这是根据他的疾病来判断。局部治疗过程中，治疗效果好不好，主要在于用的药对不对、用药的部位是不是得当。比如孩子咳嗽，用静脉注射、肌肉注射和口服治疗，是不是有很大效果？当然是。但是，除了呼吸道有药物进入以外，其他的脏器也会有药物进入。这样一来，其他脏器受到损害的机会就会增加，而我们给皮肤抹上药物，雾化吸点药，就能大大地减少肝肾受损的机会。

我们尽可能不对婴幼儿进行肌肉注射。因为婴幼儿的肌肉比较薄。家长要问了，打预防针不是打在肌肉上吗？是的，但打疫苗的针很短很细，一般是皮下和浅部肌肉注射。一般打药的针要比打疫苗的针更粗更长，用药是深部肌肉注射。孩子的肌肉很薄，扎深了容易扎在骨膜或神经上。即使既没扎在骨膜上也没扎在神经上，孩子肌肉薄，吸收相对差，皮肤很容易形成局部硬结。很多家长带孩子来看病，医生几乎不会推荐肌肉注射，就是这个道理。所以，能局部用药就尽量避免全身用药，当然还要根据孩子疾病的范围进行判断。

看医生时：

用药剂量要记清楚

药量少了起不到应有的效果，量多则可能造成中毒等副作用。

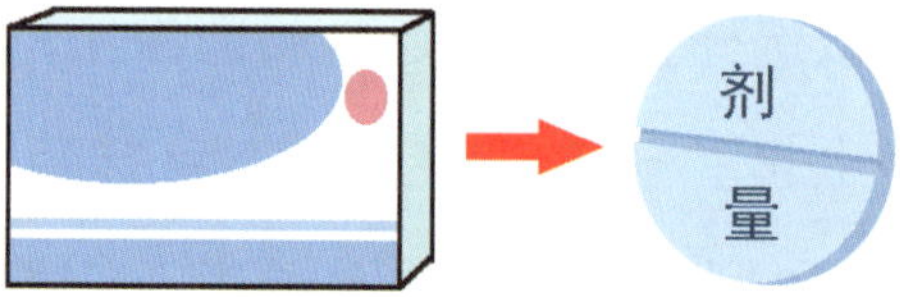

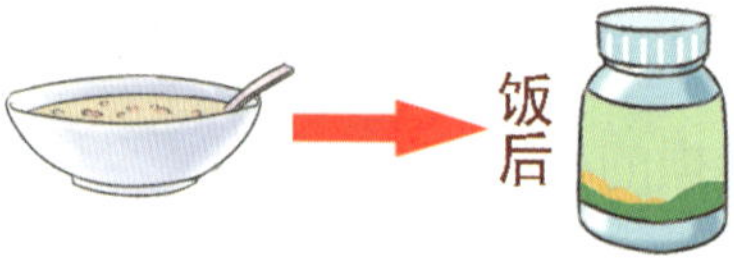

用药时间要记清楚

有的药要饭前吃，有的药要饭后吃。有的药一起吃可能一点效果都没有。

抗生素和益生菌不能同时吃，否则抗生素会把益生菌杀死。

应该饭前吃益生菌，饭后吃抗生素。一起吃的话，作用会被大大削弱。

药不是越新越好

很多家长喜欢给孩子用新药，认为药越新，科技含量越高，效果自然越好。这种想法是不对的。

给孩子选择用新药必须遵循一个原则——过去没有这一类的药物，只有用这种新药才会很有效果。如果过去有类似的药物，还是尽可能用老药物。因为老药用起来安全度相对会高一些。

我们在看药物说明书时会发现，有的药物，副作用写了二十条，而有的药物，副作用只写了十条，那么是不是可以认为，十条的比二十条的副作用要少一些？不一定，说明书写的副作用越多，并不意味着这个药越不安全，恰恰说明我们对这种药的了解更为详尽。

不能因为 A 药十个副作用，B 药二十个副作用，所以选择 A 药。只写十个的很可能副作用还在了解过程中。特别是那些标了目前没有发现副作用或者副作用不详的药物，不一定没有副作用。这种药物实际是很危险的，因为你还不知道它有什么副作用。所以在选择药物的时候要看它的历史，用得历史越长，副作用相对了解越全面，它的一些副作用可能在改良中得到了减缓，用起来也相对可靠。千万不要因为某种药物说明书上写的副作用比较多而放弃使用。我们看说明书上写着不良反应后面一般有个百分比的数，表示发生率有多高。比如有的写着“罕见”，言外之意，很少发生；有的时候百分之一，有的时候千分之二，这个发生率，对我们很有帮助。

崔大夫，怎么还让孩子吃阿莫西林呢？能不能开个更高级的、新一点的抗生素？
药可不是随便开的。第一，要对因；第二，要接受度高；第三，要副作用小。
许多新药的副作用都不明确，你愿意让孩子当小白鼠吗？
这……

我们是否愿意让自己的孩子当小白鼠，去填补新药副作用的空白？应该没有一位家长会说“我愿意”。所以，不要质疑一些老的抗生素或者其他药物，用的药是否对症，是否对因，才是最主要的。

此外，我们在用一种药的时候，要了解这种药物的作用是什么。比如湿疹要抹含激素的药膏，药膏的作用是什么？使破损的皮肤尽快恢复正常，但不能从根本上治疗过敏，如果不把过敏原因解除了，过几天湿疹又会再次出现。再比如，退烧药在短时间内可以让体温下降，但也不能从根本上治疗发烧。有人问，为什么吃完退烧药还会再烧？退烧药只能救急，并不能治本。因为发烧的原因还没有解除，所以一定还会发烧。这些都是在药物治疗的时候，我们必须掌握的一些基本知识。

前天孩子身上起了几个红包，您诊断没有大碍，但今天孩子开始腹泻，大便呈水样便。
这是轮状病毒感染，可能是医院交叉感染造成的。
你们医院为什么不能把轮状病毒感染的病人给分开隔离？
哪个家长带孩子看病之前，知道他有轮状病毒感染？医生也不知道，看完后知道了，对不起，晚了。

不是到医院越早诊断越快

有的家长习惯于孩子一生病立刻上医院，其实不是到医院越早，诊断越快。一个孩子，发烧很厉害，39℃到40℃。到医院后，检查发现是甲型流感。这时候家长说，为什么昨天医生没给做检查？我说发烧两个小时之内到医院，做检查不可能出现阳性结果。人体的发病是一个过程，发烧仅两个小时，孩子当时除了发烧没有任何流涕、打喷嚏、咳嗽症状。甲流需要从鼻腔分泌物来诊断。刚发烧两小时，鼻腔还没有分泌物，医生无法检查。到第二天之所以给他检查，是因为孩子鼻腔已经有了分泌物，这时就可以取分泌物查。

所以，疾病是一个过程。在这个过程中，孩子必然会不舒服、会痛苦，但这个过程会给我们的诊断带来很大的帮助。所以，大家一定要在孩子生病的时候，忍耐一下，等待我们可能诊断的这个时机。不是说来得越早，就一定能够尽快地诊断。

孩子需要在门诊
连续就诊三天。
第一天。
效果不明显我要
换另一家医院。
第二天。
孩子需住院，可
是没有床位了等
一下吧。
哼！不在你
们医院了！
第三天。
在这小诊所打
点滴也不错。
诊
所
天啊！打完后孩子病情突然
严重，我得再换一家医院！

频繁更换医院不可取

孩子生病了，不论是爸爸妈妈还是医生，都希望孩子的病能快速好起来。可是，疾病的治疗需要一个过程，不能急于求成。很多家长带孩子在一家医院看病后没有立刻起效，便会转向另一家医院，有的甚至能在两三天内带孩子更换几家医院。这样做的结果是，没有一家医院的医生能有充分的时间了解和观察孩子的病情，特别是病情的变化，做出的诊断和治疗也往往不会十分准确，有时甚至会出现一些偏差。

家长通常不是医学专业人员，往往不具备准确评估孩子疾病的能力，不要因为孩子病情不重，就随便找一家医院就诊。初诊的时候家长就应该选择自己信赖的医院、信赖的医生，并尽可能在同一家医院、同一位医生处就诊。

连续就诊有利于医生了解治疗的效果，掌握孩子病情的变化情况。孩子病情变化很快，需要一定时间才能较为准确地确定病情。如果需要转院治疗，应该征得初诊医院的意见，最好能够拿到医院开具的孩子病情和治疗的介绍，以利于接诊医院的连续治疗。

过于迅速地改换治疗方法，不仅不能达到效果，而且还可能延误病情。治疗需要一段持续的过程，不可能立竿见影，坚持往往是达到有效治疗的关键因素。听从医生的建议，千万不要自作主张，否则很可能会因此而延误孩子的病情，失去最佳治疗时间。

孩子发烧三天了，我上网查查！
啊！有可能是白血病！
赶紧去医院！
只是普通感冒，没什么事，回家物理降温，多喝水就可以了！

不要过于依赖网络信息

现在网上的信息非常多，但这些并不是针对某个具体的孩子而言的，如果依赖网络，而关键词又输入得不够准确的话，得到的信息会非常多。如果这些信息里有非常严重的后果，往往会弄得家长心神不宁。比如孩子高烧三天不退，网上搜索的结果可能会是白血病。这样无形中增加了家长的焦虑，不仅影响自己和家人，同样也会增加孩子的压力。

如果孩子病了几天，用药效果也不明显，家长可以和医生交流一下，孩子是不是病得比较严重？是否要做检查？医生会给你一个是否需要检查的决定。

也可以和有经验的妈妈了解一下，比如最近疱疹性咽峡炎的孩子特别多，患病时，孩子的口腔有疱疹，疱疹破溃时，孩子会因为口腔和嗓子痛不愿意吃东西，有经验的妈妈会告诉你，忍几天一定会好，她会告诉你孩子会出现哪些情况，应该如何处理。你心里有底了，就不会那么惊恐。

哟，体重有明显增长。
对，这段时间长得挺好的。
是哪个孩子？他多大了？
哦，我也说不上来。
哪有啊？比别人家孩子差远啦！
不要和别人家孩子比，也不要和你预期值比，要和他原来的状况相比。
明白了。

不要生病也和别家孩子比

现在很多家长，孩子的所有的标准，都参照邻家的孩子。人家孩子会说话了，人家孩子会走路了，连生病都要和人家孩子比，人家孩子发烧一天就不烧了……

我就问他："是哪个孩子？什么情况？"家长却说不清楚："就人家的孩子。"谁家孩子，人家是什么情况，一概不知。要不就是人家孩子发烧烧傻了，我们家孩子可不能傻。无形之中给自己很大的压力。

平常健康的时候，是以别人家的好作为标准，觉得自己的孩子总是不如人家，疾病的时候是以听到了什么不好的作为一个标准。

每个孩子的生长发育都有自己的特点，生病也有自己的具体情况，其实很多时候，家长需要客观地看待孩子，让孩子踏踏实实地成长，不要每天生活在自己制造的紧张之中。

崔大夫，听说乙肝疫苗有问题，我不想给孩子打乙肝疫苗了。
我国每年有1700万婴儿出生，其中17个出事儿，还是因为并发症，百分比是百万分之一。
如果不给孩子注射乙肝疫苗，到三四十岁就会出现大批的肝硬化、肝癌。这个比例要比注射疫苗出事高得多。
大家获得的医疗信息不一定全面，最好先和你的医生交流，不要妄自下结论。

对非专业人士的意见要保持怀疑

在遵守医生的治疗方案的过程中，家长特别容易受到外界的干扰，比如网络的干扰，亲戚朋友的干扰，别人家保姆、阿姨的干扰。往往这些缺乏专业背景的人给出的信息，家长还特别信赖。

我问家长，给你建议的这个人，是医生吗？如果是医生的话，是儿科医生吗？这一点非常重要。如果有人问我外科的疾病，作为一个儿科医生，我给得出专业的答案吗？我知道我给出的建议一定不够科学、不够专业，同样，家长在听到别人对孩子疾病和健康的一些建议的时候，先要冷静地想一下，这个人有没有医学背景，有医学背景的话，他是不是专业的儿科医生？

亲戚、朋友或者其他人发表的意见不一定就是正确的。当然，他肯定是为孩子好，谁都不想害了孩子，但是不同专业的人士给出的意见肯定是会有偏差的。

另外，大家在听到一些消息、传闻的时候，首先应该和医生交流一下。比如前一段时间报道的乙肝疫苗致婴儿死亡事件，大家听了都很紧张，很多家长第一反应就是不让孩子注射乙肝疫苗了，这种做法对吗？我国每年有 1700 万婴儿出生，其中 17 个出事儿，百分比是百万分之一，而不给孩子注射乙肝疫苗，大批的肝硬化、肝癌，到三四十岁就会出现。

所以，大家遇到事情首先要镇静，这种只言片语的信息很可能不全面，这时候去问你的医生，尽可能去和你的医生交流，他可能暂时不知道，但可以去

崔大夫，孩子又开始便血了，好着急！
我和你说过，孩子对牛奶过敏，所有的奶制品都不能吃！
可是一起带孩子出去玩儿时，别人家阿姨、保姆都说不吃不行，孩子会缺钙的！
宁可相信别人家阿姨、别人家保姆也不相信医生！

查资料，帮你比较全面地分析，从而做出一个比较适合的选择。

很多家长为了追求更高的质量，在海外为孩子买奶粉、辅食、营养品甚至药物。

但药物使用必须合理，否则很容易发生危险。

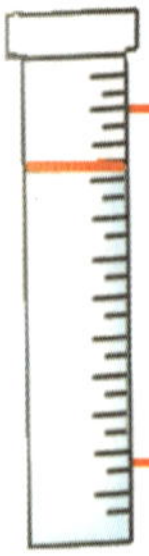

药物都有浓度，需要服用合理的剂量才能达到药效。

在给孩子使用药物的时候，最好能向医生咨询，听取专业人士建议。

药物使用安全你真的注意到了吗

现在很多家长不仅会在海外为孩子淘奶粉、辅食、婴儿营养品，甚至开始淘药物，其实这是很危险的。那么危险在哪呢？不是药物本身，而是在合理用药过程中会出现很多问题。

有一天我接到一个电话，妈妈在给孩子吃退烧药，感觉用了以后效果不好，询问之后才知道，因为浓度的问题妈妈使用的剂量不够。所以我们一定要知道，不同的药物除了名字以外，还有不同的浓度。

比如我们最常见的退热药泰诺林，它有不同的浓度，有1毫升100毫克的，有1毫升32毫克的，国外还有很多每毫升含有的毫克数不同的，家长在使用的时候一定要知道合理的剂量，每次每公斤10到15毫克，千万不要选对了药物却选错了剂量。

1. 无论是坠床，还是其他原因坠落到地上，先静观十秒，观察有无皮肤破溃造成的活动性出血，若有，紧急按压止血。

2.观察有无肢体活动障碍，若有，小心抱孩子，避免损伤加重；观察有无意识变化，若有，及时到医院。

3. 仅是局部肿胀，先采取冷敷，不要用力搓摩，三天后再热敷。

4.如果头部着地，头皮血肿并不重要，关键是有无意识变化：嗜睡，异常烦躁等。发现或怀疑意识改变，必须及时就诊。注意：三天内不能热敷和揉搓肿胀部位。

孩子坠床后你处理对了吗

坠床的现象家长都不希望发生，但是偶尔可能也会出现。出现坠床后，家长首先要观察孩子 10 秒钟，看看孩子有没有活动性出血，也就是有没有磕破的地方，再有就是观察孩子有没有肢体活动障碍的现象，确定没有这些问题的时候，家长再给孩子抱起来。

如果说孩子有活动性出血，第一件事应该是压迫止血，如果发现孩子有肢体的活动障碍，家长抱起孩子时一定要有保护性的措施，比如说将孩子放在一个平板上送到医院，这样可以避免在抱起孩子的过程中，出现加剧损伤的现象。

再有，家长要如何预防孩子坠床呢？现在有太多的家长和孩子睡在一个大床上，这样就会增加孩子坠床的机会，因为孩子在睡眠中，要不靠着大人，要不就会寻找另外的一个边缘，所以应该让孩子睡有护栏的小床，还有，孩子在玩耍时，家长最好将孩子放置在地下。

1.孩子持续咳嗽，家长不要想当然地以为是感染，就急于给孩子服用抗生素消炎。

2.家长可以观察孩子的症状表现，记录下来，包括孩子的饮食状况、睡眠状况、服药状况。

3.及时到医院看病，并将症状记录给医生看，以便医生掌握全面的情况。

孩子持续咳嗽的正确处理方式

对于咳嗽，家长认为是呼吸道感染，这个也没有错，但是对于长时间的反复发作的咳嗽，我们也要考虑另外一个原因，就是过敏。所以有的家长说一咳嗽就是一个月，甚至两个月，我们就要考虑是不是有过敏的因素。所以遇到这种长时间的、又不知道什么原因的，而且很难所谓根治的咳嗽，应该到医院去看，医生会根据整个的发病情况考虑是否由过敏因素引起，而且会通过相应的过敏的治疗来治疗这种咳嗽，甚至有时候会建议家长取血检查过敏原，来寻找过敏的原因。

所以家长对待那些认为不常理的症状，应该重视起来。而且要适当地有个记录，跟医生交流的时候要讲得全面一些，使医生能够掌握一个全面的过程，千万不要自己认为频繁咳嗽就是感染，就要吃抗生素等来治疗。

朋友是幽门螺旋杆菌感染性胃溃疡，我被感染了，朋友家孩子也感染了。我家5岁的孩子，也会感染吗？
成人患幽门螺杆菌感染，除接受正规治疗外，还要筛查家人是否也被感染，包括孩子。不同年龄感染幽门螺杆菌症状除腹部不适（恶心、反复呕吐、腹痛等）外，婴儿会出现烦躁不安、生长迟缓等。带孩子到医院，根据孩子年龄和症状有无，医生会建议筛查的方法。孩子所有餐具应与大人分开。

宝宝1岁2个月了，家里可以养狗吗？会感染动物身上的病菌吗？
养宠物对孩子的性格形成非常好，可学会谦让、关心、安抚、包容等交流手段。买宠物时，先进行身体检查，并定时接种疫苗。护理宠物时与婴儿护理方法相同，不要自认为宠物身上很“脏”，就用含消毒剂的洗液给宠物“消毒”，只要温水清洗，适当使用浴液等。定时为宠物检查身体，减少养宠物可能带来的弊端。

你还在嘴对嘴地亲孩子吗

孩子是非常可爱的，很多大人都会情不自禁地亲孩子。我们可以亲孩子，但是最好不要嘴对嘴地亲，如果嘴对嘴地亲孩子，那么大人口腔中的一些细菌可能就会传给孩子。

家长要知道，嘴对嘴地亲孩子是一种非常不健康、不卫生的方式。家长亲吻孩子可以亲孩子的脸颊、手背或是其他部位，这种亲吻会传递给孩子一种爱的感觉，会使孩子心里得到一种安慰，家长千万注意不要总是口对口地亲孩子。因为现在很多成人都有幽门螺杆菌的感染，孩子本身的抵抗力就低下，口对口地亲孩子就可能将细菌传染给孩子，造成本不应有的影响。所以家长要注意，爱孩子可以用很多方式来表达，为了孩子的健康，一定要注意自己的行为。

宝宝21个月，左腿小腿走路不直。一直都有补钙，请问是与缺钙有关吗？
走路时发现姿势异常，腿不直等现象应咨询儿骨科医生，特别是一侧腿似乎有异常时。影响婴幼儿走路的原因，可能与肌张力高有关，应排除大脑发育问题，如脑瘫；还可能与关节发育有关，如髋、膝关节发育，以及足发育异常问题。似乎与缺钙无关。佝偻病是维生素D缺乏所致，与缺钙无关。

宝宝3个月，66厘米，去妇幼保健院体检，医生说孩子长太快，需补钙。真的需要补钙吗？
婴儿生长个性化极强，需用生长曲线连续监测，而不仅是数字间比较，更不是与其他同龄儿横向比较。身长是头、躯干、下肢长度的总和，也就是头顶到足底的长度。骨骼能长长，其中一定附着了钙质，而钙质吸收一定受到体内代谢的调控。不可能缺钙状况下骨骼空长情况，因此没必要额外补钙。

缺钙怎样的检测才最准确

家长们总是将一些不清楚或是不可解释的现象与缺钙相联系，比如说夜间出汗多、肋缘外翻、生长缓慢、食欲偏差等，家长都可能会与缺钙联系起来，甚至有家长认为想让孩子长得快一些强壮一些也需要多补充钙。

实际上只要孩子的进食正常，妈妈在母乳喂养期间身体健康正常，孩子按时添加辅食且良好地接受，孩子本身是不会有缺钙的问题出现的。因为钙是这些食物中最基本的营养素，孩子可以从食物中获得足够的钙，并不需要进行额外的补充。

但是对于骨骼的发育，并不是说钙的量足够就可以的，这还涉及维生素 D，所以家长更应该关注维生素 D，家长要知道的是，佝偻病的全称叫做维生素 D 缺乏性佝偻病，而不是缺钙性维生素 D，所以家长要保证孩子每天要有 400 国际单位的维生素 D 的摄入。

家长因为各种原因会怀疑孩子是否有缺钙，于是乎就有各种各样的检测来针对缺钙，实际上这些方法都不科学，不管是查微量元素还是查骨密度，对缺钙来说都不是直接的、科学的测量。

我们应该关注孩子的维生素 D 的摄入和检测血中维生素 D 的水平，如果家长真的想知道孩子是否有钙吸收障碍的问题，那么就应该检测血中的维生素 D，无论是静脉血还是手指血，都可以检测，如果能够准确地检测到血中维生素 D3 的水平，那么就能准确地知道孩子是否有钙吸收障碍的问题，及时给孩子补充维生素 D，可以解决这方面的问题。

我们来练习提问题

孩子多大了

男孩还是女孩

什么时候出现了什么问题

到现在情况的变化过程

5 崔大夫门诊问答

为什么额温枪测出来是36.5℃，腋下测出来38.2℃？
孩子刚贴过退热贴，额头温度自然比较低。

可以用额温枪给孩子测体温吗

首先，不推荐使用额温枪测量体温，因为额温枪测得的是体表的温度，受环境温度的影响比较大。比如你所在的环境很凉，用额温枪测额温，测得的数值肯定会比较低；你在室温很高的环境下测，数值又会比较高，测得的温度和身体温度高低不一样。

额温枪只在我们公众区域作为一个筛查的手段使用。比如我们从机场出来，测一下看有没有人体温特别高。

所以额温枪快速测得的额头温度仅供参考，不能作为医疗判断的依据，如果发现体温有异常现象，还需要使用医疗用体温计做进一步量测。所以，家庭中最好不要用额温枪，但耳温枪是可以的，耳温枪测得的温度可以作为医疗诊断依据。

下边这四颗牙为什么这么黑，怎么刷也刷不掉！
这是维生素引起的牙色素沉积，牙膏没有效果的，过一段时间黑色会自动褪去。

15个月的小孩牙齿发黑，可以用牙膏吗

有些孩子发育到一定时候，牙齿都变黑了，看起来和涂了一层黑东西似的。这种情况下，我们首先要在光线比较好的环境下观察，看他牙齿的反光是不是一样的，也就是孩子牙齿表面的光滑层，即牙釉质有没有损伤。如果牙齿表面的光滑层有损伤的话，说明牙釉质已经被腐蚀了，这叫龋齿，需要医生去处理。

如果牙齿表面很光滑，看起来没有凹凸，说明牙釉质没有受损，只是黑色素附着，这叫牙色素沉积。这种情况一定和吃维生素或水果有关系。我们给孩子吃过维生素制剂或者多吃了水果，吃完了以后一定要马上喝几口白水，或者让孩子漱口，如果没有漱口或喝水，就会有色素沉积在牙齿上，氧化以后就会变黑。这时候我们给他刷牙，你会发现用任何牙膏都没有效果，需要的就是等待，过一定的时间就会褪去。

腹泻奶粉指的是不含乳糖的特殊配方粉。

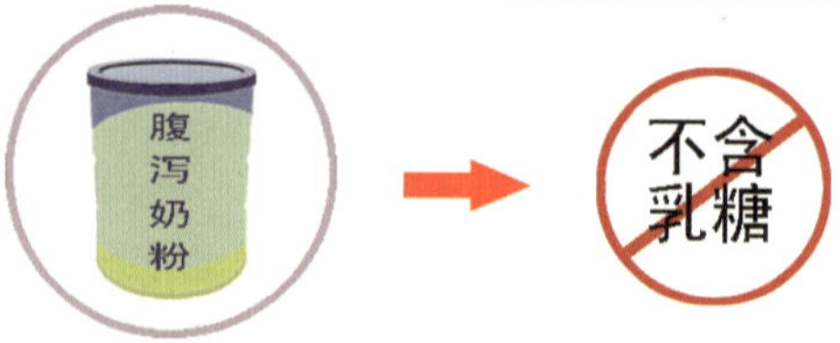

腹泻奶粉是针对腹泻或抗生素使用后小肠黏膜受损伤引发的乳糖不耐受问题，它可以改善肠道受损时的营养状况。

只要肠道受损，都可以使用不含乳糖配方粉，不受腹泻的原因限制。

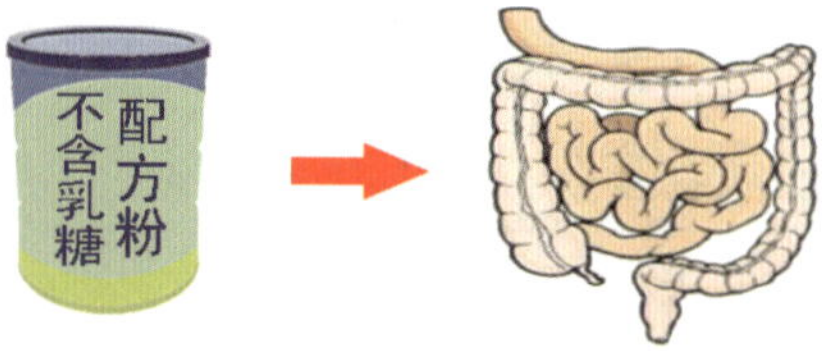

腹泻奶粉属于营养治疗，千万不要认为它是药物。

深度水解配方加乳糖酶会不会有问题

婴儿腹泻，加上深度水解配方和乳糖酶永远不会出错，因为这两者都是特殊营养。

在用深度水解配方时，首先要了解什么叫深度水解配方。深度水解配方是把蛋白质进行一定的水解，把长链脂肪的一半都变成中链脂肪，同时它不含乳糖。换成深度水解配方，因为它本身不含乳糖，所以没有必要添加乳糖酶。但是你用了深度水解配方，又添加了乳糖酶，肯定也没有害处。

营养治疗，即使理解有偏差，也没有大碍。因为是营养，不是药物，用多了也没有什么问题，就像我今天多吃了一口米饭，除了我可能吃得撑点，没有任何的其他害处。

如何给孩子选择配方粉？

婴儿配方粉

可作为喂养的唯一来源，满足出生后4～6个月婴儿的营养需要。

较大婴儿奶粉

专为4个月以上的婴幼儿设计，对各种成分做了调整，以满足其较快的生长发育。

根据蛋白质结构配方粉分为：

- 完整蛋白的普通配方，适于母乳不足的正常婴幼儿。
- 部分水解配方，适于有过敏风险的婴幼儿预防过敏。
- 深度水解配方适于治疗牛奶蛋白过敏引起的常见病症。
- 氨基酸配方适于诊断和治疗对牛奶蛋白过敏的婴幼儿。

根据脂肪分为：

- 长链脂肪配方，即普通配方粉，适用于正常婴幼儿。
- 中/长链配方，适用于肠道功能不良，如：慢性腹泻，肠道发育异常，肠道大手术后，以及早产儿等情况。

根据碳水化合物分为：

- 含乳糖的普通配方，适用于正常婴儿。
- 部分乳糖配方，适用于胃肠功能不良时，比如早产儿，胃肠受损者；
  无乳糖配方，适用于急性腹泻，特别是轮状病毒性胃肠炎时，以及先天性乳糖不耐受者。

蛋白质过敏和乳糖不耐受是不是一回事儿

蛋白质过敏和乳糖不耐受是完全不同的两个概念。

乳糖在人体中不能直接吸收，需要在乳糖酶的作用下分解后才能被吸收。婴幼儿腹泻导致肠道黏膜表面消化乳糖的乳糖酶遭到破坏，会造成暂时的乳糖消化障碍。表现是水样腹泻、胀气。单纯的乳糖酶不耐受，大便常规检查不会有任何的白细胞、红细胞，只是胀气、腹泻。

蛋白质过敏是人体在接受蛋白质以后，出现的异常免疫反应，在肠道的表现是有损伤性表现。肠道受到损伤，所以我们会发现大便中带血，情况更严重时甚至会出现便血。

这两者情况是不一样的。但是两者有可能同时存在，就是对牛奶蛋白过敏的同时也可能会有乳糖酶不耐受。因为小肠黏膜受损，乳糖酶也会受损，所以才会有不含乳糖的深度水解配方。

麻风疫苗接种后最常见的反应就是身上起皮疹。

因为麻风疫苗是减毒活疫苗，所以它会带来类似疾病的相应反应。麻疹、风疹都是起疹子的疾病，接种疫苗后出现少量皮疹很正常。

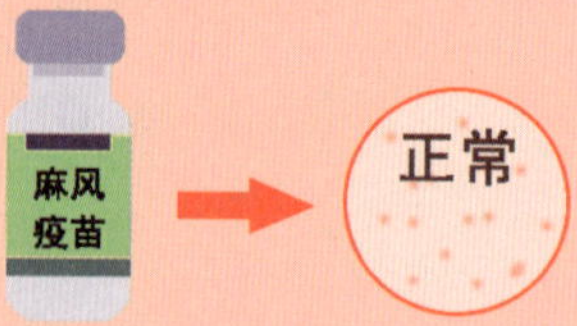

一般来说，孩子可能会伴有发烧，有的孩子还会高烧。

疹子出完了以后，会有脱皮过程，脱完以后才会恢复正常。

接种过麻风疫苗后出疹子，会有后遗症吗

如果我们看说明书的话，麻风疫苗接种后最常见的反应就是身上起皮疹，发生率大概在百分之十几到百分之二十之间。

麻风疫苗是减毒活疫苗，所以它会带来类似疾病的相应反应。麻疹、风疹都是起疹子的疾病，接种疫苗后出现皮疹很正常。

起疹子时，孩子还可能会伴有发烧，有的孩子还会高烧，但是不会留下麻疹或风疹自然得病后可能带来的严重的损伤。疹子出完了以后，会有脱皮过程。脱完以后会恢复正常，接下来就不会有任何的后续问题了，所以不用担心。

为何八个月的孩子每天早上都会咳嗽，白天又不咳？

从“早晨起来咳，白天不咳”来判断，这个问题肯定不出在下呼吸道。

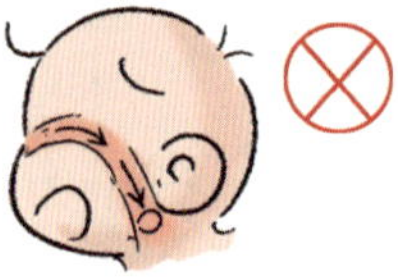

因为如果在下呼吸道的话，不可能早晨和白天有明显的不同。

孩子平躺时，鼻分泌物倒流到一定程度以后，会刺激咽喉部，引起咳嗽，而且会有痰声。

婴儿还会有另外一个问题，就是躺着会增加胃食道的反流。不管是鼻分泌物的倒流引起的清晨的轻度咳嗽，还是胃食道反流，随着生长发育，有可能自然会慢慢转好。如果持续时间长，可以咨询医生。

为何孩子每天早上都会咳嗽，白天又不咳

从“早晨起来咳，白天不咳”来判断，这个问题肯定不出在下呼吸道。如果在下呼吸道的话，不可能早晨和白天有明显的不同。

既然问题在上呼吸道，这个问题的发生应该和他平躺时鼻分泌物的倒流有关系。鼻分泌物倒流到一定程度以后，会刺激咽喉部的一个反射，就是咳嗽，而且会有痰声。到医院去看，医生听肺是没有问题的。

再有婴儿八个多月，会有另外一个问题，就是胃食道的反流，躺着会增加反流。不管是鼻分泌物的倒流引起的清晨的轻度咳嗽，还是胃食道反流，都可以继续观察，一般不用去管他，不需要因为几次咳嗽去做雾化。随着生长发育，自然会慢慢转好。

孩子应该睡小床还是和家长睡大床？

如果家长了解了这种心理，你就知道，让孩子睡小床是为了给孩子安全感，让他睡得更好。

孩子应该睡小床还是和家长睡大床

现在很多家庭买小床，都是形同虚设的。

很多家长说，孩子在床上睡觉翻来翻去，不好好睡。大家想想为什么孩子翻来翻去？因为他找不到安全感。大家有没有发现，孩子靠着东西，不管是搂着妈妈，还是靠着床的围栏，都能很快睡着。睡大床上找不到安全感，他睡得着吗？只能翻来翻去，来回转，直到搂着东西就睡了。或者来回滚，结果滚到边上就掉下去了。小床会有一个围栏，孩子和围栏之间会有一个碰撞，碰撞中他找到安全感，他搂着栏杆，或靠着栏杆，都会睡得很踏实。我们家长非要让孩子睡到床中间，孩子滚到边上给他挪回中间，自己无形中打扰了孩子睡觉还说孩子睡不好。

如果家长能够了解这种心理，就会知道，让孩子睡小床是为了给孩子安全感，让他睡得更好。

崔大夫，我每天给孩子吃好多青菜，他怎么还是便秘？
你把青菜全部煮烂、打碎了，除了绿色还是绿色，维生素和纤维素全部被破坏了。
我们给孩子做青菜的时候，可以用开水烫一下，然后剁碎，不能煮烂或蒸熟后再打烂。

益生菌、乳果糖可以混在一起喂吗

益生菌、乳果糖是否可以混在一起用？首先我们要了解益生菌和乳果糖是什么。

益生菌是对人体有益而无害的活菌，它能够通过调节肠道菌群改善人体健康。益生菌最早来源于母乳喂养的健康婴儿粪便中的细菌。吃益生菌，和是不是吃饭，是不是喝奶，都没有什么关系，分着吃或者混着吃，也没有任何差别。唯一需要注意的一点，温度不要超过40℃，因为超过40℃，一部分活菌就会死亡，益生菌的效果就会受影响。

因为益生菌是活菌，到肠道内以后，它只有继续活下去才有意义，但它活下去一定要有食物。纤维素就在给益生菌提供食物，乳果糖是纤维素。所以，乳果糖实际是在给益生菌提供食物，同时被细菌败解，产生水溶性的短链脂肪酸，短链脂肪酸是水溶性的，它吸收很多水分，大便就会变软，有效地解决便秘的问题。我们说的低聚糖、益生元、低聚果糖、低聚半乳糖、菊粉等这些东西，都是纤维素，道理都是

不要紧张，这正好说明纤维素发挥了它的作用。

青菜中的纤维素不是百分之百都会被人体吸收的，它在肠道中主要起润肠作用。

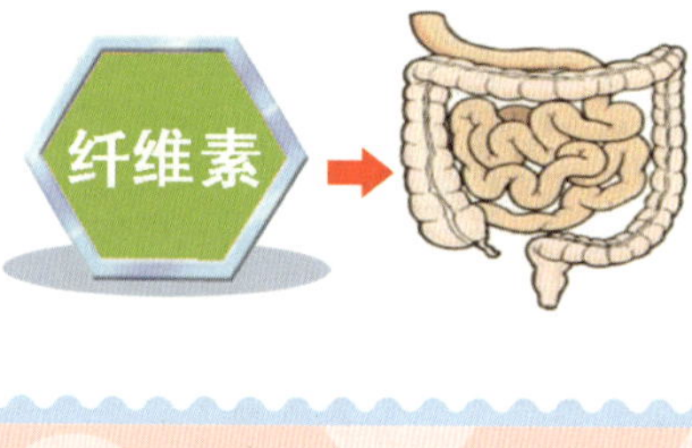

一样的。

我们大便的软硬和喝水多少没有太大关系。喝水多，排尿多，大便之所以变软，是因为大便中一定有固水的东西，这个固水的东西就是被分解、被败解的纤维素。即使肠道内有细菌，如果你不吃蔬菜，不能给这些细菌提供足够的食物——纤维素，它就不能很好地生存。

我们成人也是这个道理，如果我们不吃蔬菜的话，体内正常的肠道菌群很快就会衰败。也就说，即使有细菌，你不给它食物，同时纤维素也不能败解，便秘也会出现。所以我们便秘了就要多吃粗纤维的食物，道理是一样的。

在日常生活中注意家里不要太干净，孩子平常接触细菌，肠道里才能够有细菌，自身才能建立很好的肠道环境。
细菌
细菌
细菌
另外，必须保证有纤维素摄入，尽可能让孩子多吃青菜。

益生菌和纤维素可以一直吃下去吗

我们应该让孩子的正常排便成为一种自然常态，而不是一直依靠外部的力量。要训练孩子，能够在正常的饮食过程中，把药物逐渐减少，否则的话，就有可能变成依赖，越来越需要药物。

我们现在说乳果糖没副作用，益生菌也没副作用，当然吃一个月没有副作用，十个月没副作用，一年没副作用，那么谁可以保证吃五年没有副作用，一直吃下去没有副作用？

我们服用益生菌和纤维素只是作为一个引子，重要的是让孩子过渡到不依靠药物也可以很正常地排便，从而过渡到正常的喂养。

如何训练孩子定点吃奶？
在训练孩子定点吃奶的一周时间内，让孩子和其他人在一个屋睡觉。
妈妈定点过去喂奶，其他时间不要过去。
如果妈妈和他在一个屋子，他醒了以后，妈妈不喂他，他会很生气的。
你说的我都明白，可是做到好难！

怎样训练孩子定点吃夜奶

如果你是一位上班的妈妈，家人会告诉你，你不在家的时候，孩子不怎么哭，特别乖，你一回来，他看见你了，立刻开始哭。同样的道理，为了让他养成夜间定点吃奶的睡眠习惯，睡觉的时候妈妈最好让他和其他家人在一个屋子里睡，到了应该喂奶的时间过去，不该喂奶的时候不要过去。孩子醒了，看不见妈妈，会觉得不吃奶很正常，也不会怎么哭，即使开始一两天会哭，妈妈也要坚持住不过去。如果开始一两天妈妈觉得他哭得厉害就过去喂奶，情况会变得更糟，结果就是他觉得只要使劲哭妈妈就会来，下次醒了以后哭得更厉害了。

坚持下去，用不了一周，宝宝就会习惯定点喂养，到时候妈妈再把他接回来，但是接回来的时候，不要再搂着他睡觉，而要把他单独放在小床上。

对我来说，最幸福的事就是吃妈妈的奶！

孩子怎样才能不吃夜奶好好睡觉

有位妈妈给我讲了这么一件事：她平时每天都要半夜起来给宝宝喂奶，但是有一天，她真的非常累了，就完全睡过去了。当她醒来，发现这一夜她睡得很好，宝宝也睡得非常好。

大家能理解这个意思吗？如果你觉得不应该喂孩子，其实你不理他，他最多哭两声，也就睡着了。事实上，是作为妈妈的你，接受不了孩子醒，并不是孩子非要醒来吃奶。

对孩子来说，最幸福的事情就是吃妈妈奶。每次醒了以后，妈妈都给他母乳喂养这样一个应答，孩子为什么不要再醒？

要想好好睡觉，喂奶就要固定时间，其他时间醒了也不理他。当然他会哭，但是哭一两次之后发现没有作用，自然也就不哭了。可怕的是，孩子刚开始哭，妈妈不理他，哭了五分钟，妈妈受不了了，就开始喂他。下次他觉得不哭到五分钟，妈妈是不喂的，所以哭得更厉害了。孩子获得的反射

婴儿听不懂话，他们依靠条件反射来做判断

1 好多家长一听到孩子哭就会赶快抱起来。

2 孩子会觉得只要哭，什么事情都能解决。

3 养成遇到什么事都哭的习惯。

所以说，爱哭的宝宝都是爸妈“教”出来的！

是“我只有哭，妈妈才会喂我”。这样一来，这个事变得更加糟糕了。说到底，这是妈妈的心理问题，不是孩子的身体问题，也不是疾病问题。

所以，妈妈现在要和家人商量好，你想不想训练孩子夜里睡觉？想训练，完全彻底，不想训练，一醒就赶紧喂，别等他哭。千万别训练成“不哭不喂，哭了再喂”，这是更糟糕的结果。孩子就会觉得，哭是他的最有利的武器。他只要一哭，所有事情都能解决。

其实不光是这么小的孩子，大孩子家里也有这种情况。想达到什么目的，一哭一闹就能解决。这都是我们大人逐渐给他养成的一种习惯。

可以给孩子鼻子抹香油吗？为什么一定用橄榄油？
香油太呛，橄榄油是人体接受度最好的。
用化妆橄榄油好还是食用橄榄油好？
食用级别的吃都没事，抹鼻子当然没有任何问题！

可以每天用橄榄油给孩子涂抹鼻子吗

在干燥的季节，如果每天都用棉签浸了橄榄油后给孩子涂抹一次的话，对预防很多问题都有效果，包括鼻炎、感冒、鼻出血等。因为这样处理一下鼻黏膜不会干燥，也可减少鼻黏膜与外界空气的接触，鼻分泌物会减少。

为什么要用橄榄油？因为橄榄油是人体接受度最好的，而且最好使用食用橄榄油。把橄榄油抹在孩子鼻孔里，有时候不可避免地会从鼻孔后面流过去，吃进去一点。如果这时候涂抹的是食用橄榄油，就没有任何问题，完全不需要担心。

有的家长会问，是不是用一些药物也会比较好？抗生素绝对不要经常用，因为用了抗生素之后，如果有耐药菌产生，鼻炎会很难治疗。

孩子鼻子堵了影响吃奶怎么办？

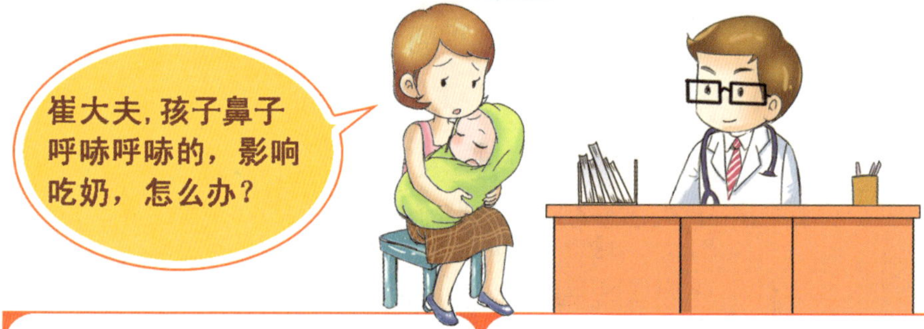

可以在洗澡的时候，把蒸汽放足了，让孩子在浴室里待上几分钟，等他鼻子里的东西全软化了往外走，这时候你再帮他用棉签轻轻擦。

原先因为太干弄不出来，等分泌物软化后，再用棉签轻轻往外拨，他一打喷嚏，就全打出来了。

但异物不可能100%清理干净，只要鼻子通畅就可以了。

孩子鼻子堵了影响吃奶怎么办

孩子鼻子堵，呼哧呼哧的，影响吃奶，可以在洗澡的时候把蒸汽放足了，让孩子在浴室里待几分钟，这时你会发现，他鼻子里的东西全软化了会往外走，这时候你再帮他用棉签轻轻擦。

如果原先太干了，弄不出来，可以在浴室多待一段时间，比如 15 分钟，等分泌物软化之后，再用棉签轻轻往外拨，孩子一打喷嚏，就全打出来了。

但是我们家长不要总想着把鼻子里的异物 100% 清理干净，只要保证鼻子通畅就可以了。

用试纸测支原体有效吗？

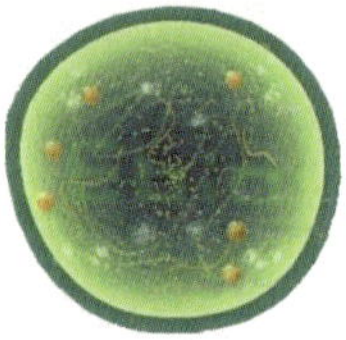

支原体是我们正常环境中的一种特殊的微生物，它不是细菌也不是病毒。

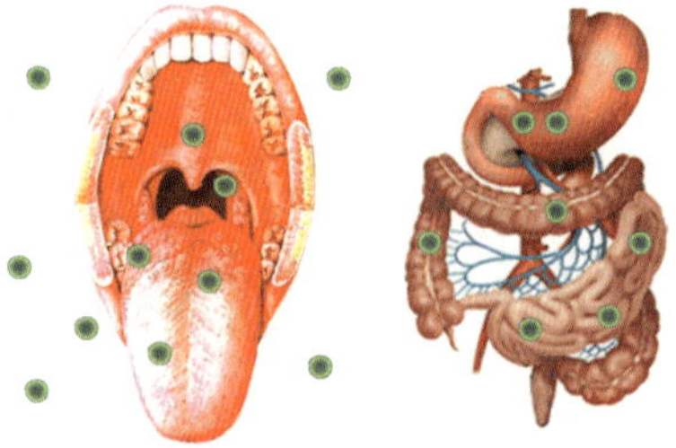

在我们的空气中、口腔内、消化道内都有支原体，它们没有任何临床意义。

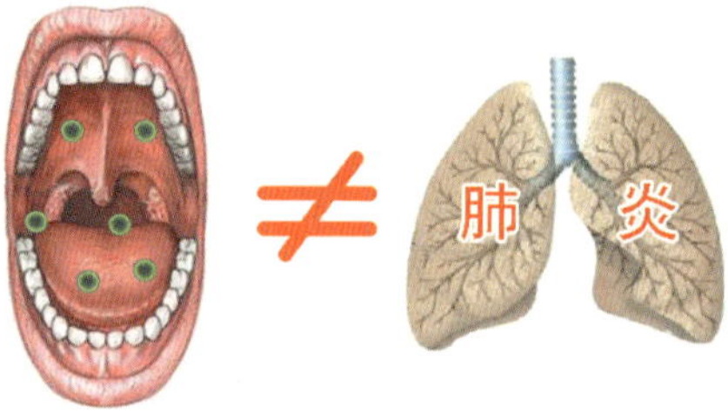

不是口腔内有支原体就是肺炎，因为只要不引起支原体肺炎，基于口腔感染的支原体都很好治疗。

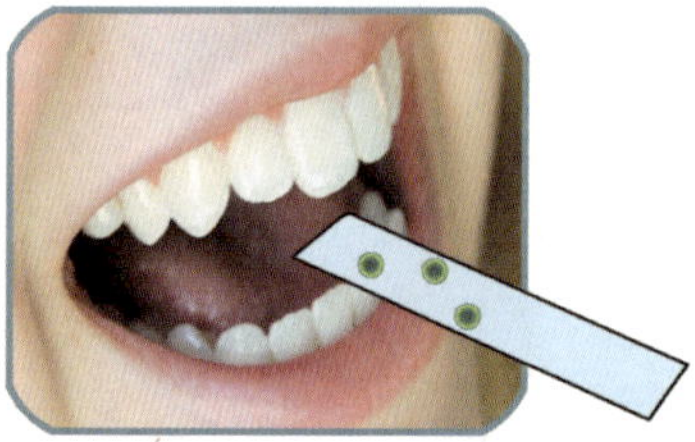

所有的人用试纸都可能查出口腔里有支原体，因为口腔内大概有100多种细菌，二三十种病毒。

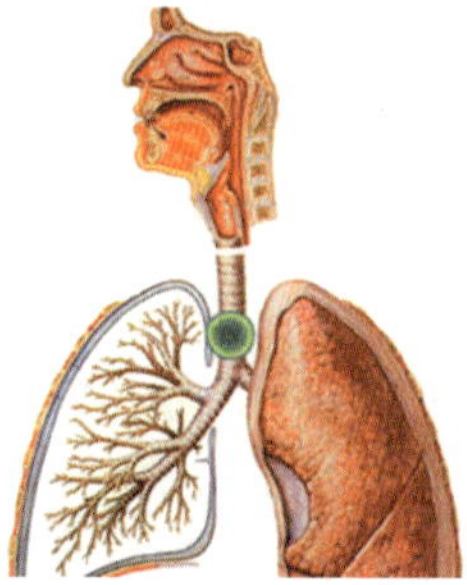

不能因查出有支原体，就证明有什么问题。一定是影响到呼吸道内，起码气管以下才可能有意义。

用试纸测支原体有效吗

支原体是我们正常环境中的一种特殊的微生物，它不是细菌也不是病毒。在我们的空气中、口腔内、消化道内都有支原体，但是它们都没有任何临床意义。

不是口腔内有支原体就是肺炎，口腔内查出支原体，对支原体肺炎的诊断没有意义。因为只要不引起支原体的肺炎，基于口腔感染的支原体都很好治疗。

我们都希望用比较简单的、非创伤的方式来检查孩子。但是我们所有的人用试纸可能都会查出来口腔里有支原体，因为口腔内大概有一百多种细菌，二三十种病毒。

不能因为查出有支原体，就证明有什么问题。一定是影响到呼吸道内，起码气管以下才可能有意义，所以不能拿这个作为诊断依据。

有的家长认为孩子生病时如果吃饭不好，可以多喝奶。实际上，奶中的脂肪含量很高，不属于清淡饮食。

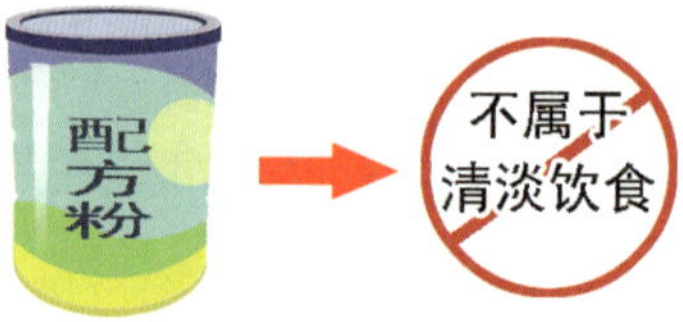

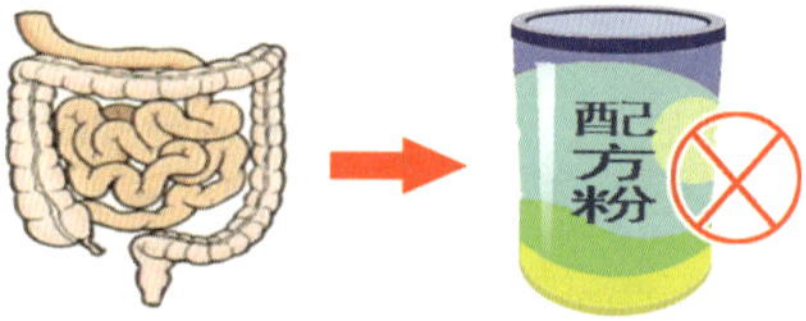

如果孩子患了呼吸道感染，喝点奶问题不大；如果是消化道疾病，消化道损伤会造成奶的吸收不良。

奶中含有乳糖，喝了以后腹泻可能会更严重。

这时候可以改用不含乳糖的配方粉，既能代替奶的营养，又能避免消化道的损伤。

孩子生病后应该吃什么

孩子生病后的饮食以清淡、易消化为总原则，尤其是患消化道疾病时要特别注意。

有的爸爸妈妈认为配方粉营养均衡，孩子生病时如果吃饭不好，可以多喝奶。实际上，奶中的脂肪含量很高，不属于清淡饮食。

如果孩子患了呼吸道感染，喝点奶问题不大，如果是消化道疾病就要特别注意了，因为消化道损伤会造成奶的吸收不良，奶中有乳糖，喝了以后腹泻会更严重。但是仅喝粥营养又不够，这时候可以改用不含乳糖的配方粉，它不会刺激肠胃，既能代替奶的营养，又能避免消化道的损伤。

前面我给大家讲解了对疾病的认识、怎么做看医生的准备以及在看病过程中怎样和你的医生交流。
大家有没有觉得，你更了解疾病了，更理解医生的处理了，更信赖你的医生了？

为什么医生说能不吃药就尽量别吃

在遇到疾病时，医生考虑的是如何使它对人体机能的提高作用发挥到极致，同时对身体的损伤又降到最低。

大家如果也能从这个角度去想，可能对医生的治疗就会有很好的支持，否则的话就会觉得医生对待疾病的治疗不够积极。

其实我们是为了在保护孩子不受到疾病大伤害同时，调动起他自身的免疫能力。这也是家长问我“发烧怎么办”时，我通常回答“在家待着，能不吃药最好别吃”的原因。

平时人们常说的“越吃药，孩子越容易生病”“越吃药，抵抗力越差”，其实还是有点道理的。

孩子一岁以后，家长对于体检的重视度逐渐减少，实际我们还应该定时来体检。

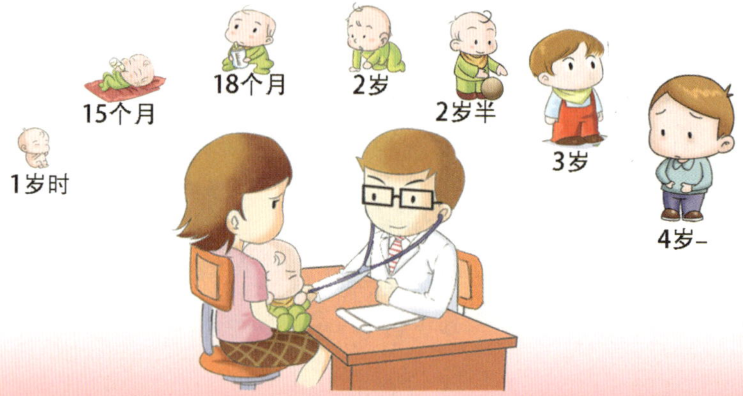

我们建议1岁时、15个月、18个月、2岁、2岁半、3岁、4岁，按照这样的一个规律来进行常规体检。

在这个过程中，不仅是对身高、体重、头围等身体成长的体检，关键的是我们要对发育进行体检，看看孩子在发育中的运动功能、言语功能、交流功能等以及其他的发育指标进行评测。这样能够保证孩子身心发育同步、同样的健康。

千万不要只看重身体指标，认为孩子长得高、长得重就可以。心理的发育有时候会比身体发育更为重要，家长一定要注重身心健康。

孩子为什么要定时体检

孩子出生后定时去体检，了解孩子的生长和发育状况非常重要。生长容易被我们所接受，因为它有数量的表示，孩子的身高和体重各是多少，但是对于发育，家长可能不能做很好的评估，需要借助医生的力量。

医生在了解孩子的生产过程并对孩子进行适当的检查以后，对发育就能做出一个很好的评估。如果发现发育有任何不好的倾向的时候，都要进行干预治疗。比如说发现孩子肌张力偏高、肢体左右运动不对称、关节运动出现异常等现象，都可能会进行干预。所以一定要带孩子定时体检，及早发现问题，及早干预。

宝宝5个月了，大拇指还是伸不开，请问问题严重吗？

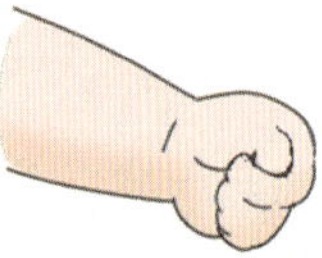

小婴儿的手处于握拳位且大拇指握在手心内，很难人为将手指伸直的现象称为皮层指。

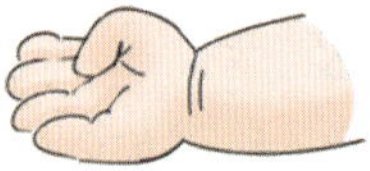

出生后3个月始，拳头开始放松，手指逐渐伸直。

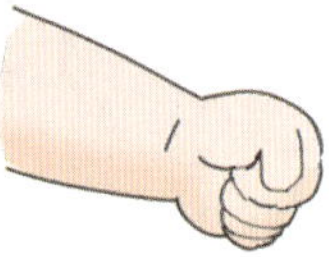

拇指逐渐从掌心位伸展，握拳时拇指握在其他四指的外面。

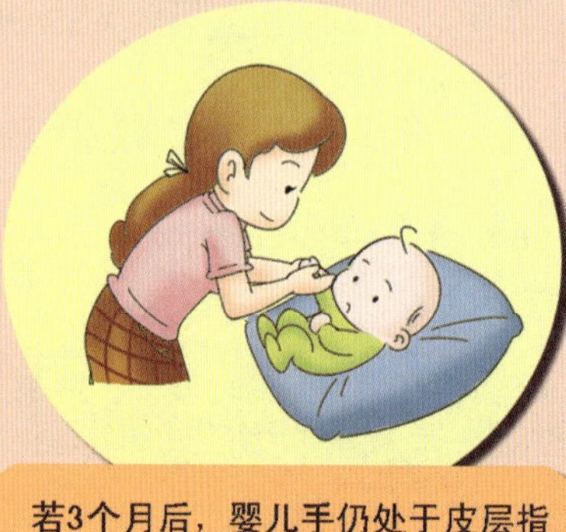

若3个月后，婴儿手仍处于皮层指状，家长可帮孩子伸展大拇指。

趴着就是伸展拇指的很好的方式。

孩子缺钙怎么办

正常孩子中极少有单纯的钙摄入不足，母乳、混合、配方粉喂养儿都不需要补钙。平常说的“缺钙”实际上是缺乏维生素D。比如佝偻病，它的全称是维生素D缺乏性佝偻病，不是缺钙性佝偻病。它主要是骨头里的钙不足，但骨头里的钙不足并不意味着钙摄入不足。人体从食物中摄入的钙会在维生素D的作用下转移到骨头内，实际上我们平时常说的缺钙指的是缺乏维生素D。这样就纠正了一个人们长期以来的错误观点，遇到骨骼内缺钙就认为是钙摄入不足，实际是体内维生素D摄入不足。

纯母乳喂养的孩子每天应该补充400个国际单位的维生素D。因为母乳中维生素D含量不足，如果我们不单独给孩子补充维生素D，就会遇到母乳中含有充足的钙，但不能吸收到骨骼内，就会出现佝偻病的问题。

平时人们常说晒太阳可以补钙，实际上晒太阳并不是补钙，而是促进皮肤产生维生素D，维生素D能促进钙的吸收。

肋缘轻度外翻，并非就是缺钙

婴幼儿出现肋缘轻度外翻是再常见不过的现象了。随着婴幼儿成长，膈肌弹性逐渐正常，3岁左右轻度肋缘外翻就会缓解。轻度肋缘外翻不意味“缺钙”。

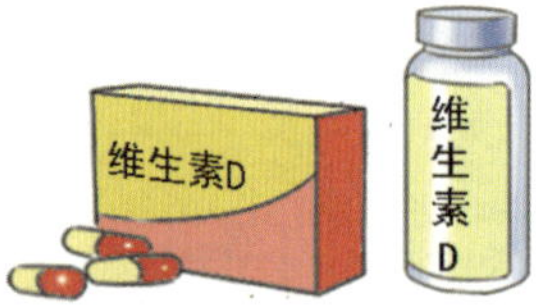

正常孩子中极少有单纯的钙摄入不足，平常说的缺钙实际上是缺乏维生素D。

比如佝偻病，它主要是骨头里的钙不足，但骨头里的钙不足并不意味着人体钙摄入不足。食物中摄入的钙会在维生素D的作用下转移到骨头内，我们常说的缺钙指的是缺乏维生素D。

有些妈妈迷信晒太阳补钙，其实晒太阳不是补钙，而是促进皮肤产生维生素D，维生素D能够促进钙的吸收。

有些妈妈迷信晒太阳，实际上如果我们不让孩子裸晒，不给孩子接受强阳光，维生素 D 产生的量非常有限，所以家长不要因为今天带孩子晒了 3 个小时太阳，就认为钙充足了，现在还没有任何研究告诉我们多强的阳光怎么晒在孩子身上能产生多少维生素 D，所以只要纯母乳喂养的孩子，每天应该补充 400 个国际单位的维生素 D，而不要单独补钙。如果孩子一天能吃 500～600 毫升以上的配方粉，那既不需要补钙，也不需要补维生素 D。

对于正常的孩子来说不需要单纯地补钙，要提醒家长的是，总是考虑孩子缺钙，是不是换成考虑缺维生素 D？

图书在版编目（CIP）数据

崔玉涛图解家庭育儿：最新升级版.9 / 崔玉涛 著. — 北京：东方出版社，2016.11
ISBN 978-7-5060-9330-9

Ⅰ.①崔… Ⅱ.①崔… Ⅲ.①婴幼儿—哺育—图解 Ⅳ.①TS976.31-64

中国版本图书馆CIP数据核字（2016）第269985号

崔玉涛图解家庭育儿：最新升级版.9
（CUIYUTAO TUJIE JIATING YU'ER : ZUIXIN SHENGJIBAN.9）

作　　者：崔玉涛
策 划 人：刘雯娜
责任编辑：郝　苗
出　　版：东方出版社
印　　刷：小森印刷（北京）有限公司
版　　次：2017年1月第1版
印　　次：2021年12月第7次印刷
开　　本：787毫米×1092毫米 1/20
印　　张：8
字　　数：122千字
书　　号：ISBN 978-7-5060-9330-9
定　　价：39.00元
发行电话：（010）85800864　13681068662